U0523759

我们为什么不快乐

DEPPHJÄRNAN

［瑞典］
安德斯·汉森 著

苏夏 译

贵州出版集团
贵州人民出版社

献 给

瓦尼亚·汉森（Vanja Hansen）
汉斯-阿克·汉森（Hans-Åke Hansen，1940—2011）
比约恩·汉森（Björn Hansen）

在大脑出现之前,宇宙不存在痛苦与焦虑。
——罗杰·W. 斯佩里(Roger W. Sperry),神经心理学家

目　录

前　言　002

序　言　生活如此美好，为何我们会感到如此糟糕？　004

1. 我们是幸存者　009

2. 我们为何产生感受？　019

3. 焦虑与痛苦　029

4. 抑郁症　053

5. 孤　独　081

6. 体育锻炼　109

7. 我们的感受是否比以前更糟糕了？　135

8. 宿命感　149

9. 幸福的陷阱　159

结　语　167

后　记　我的10条建议　170

致　谢　172

图片版权　174

参考文献　175

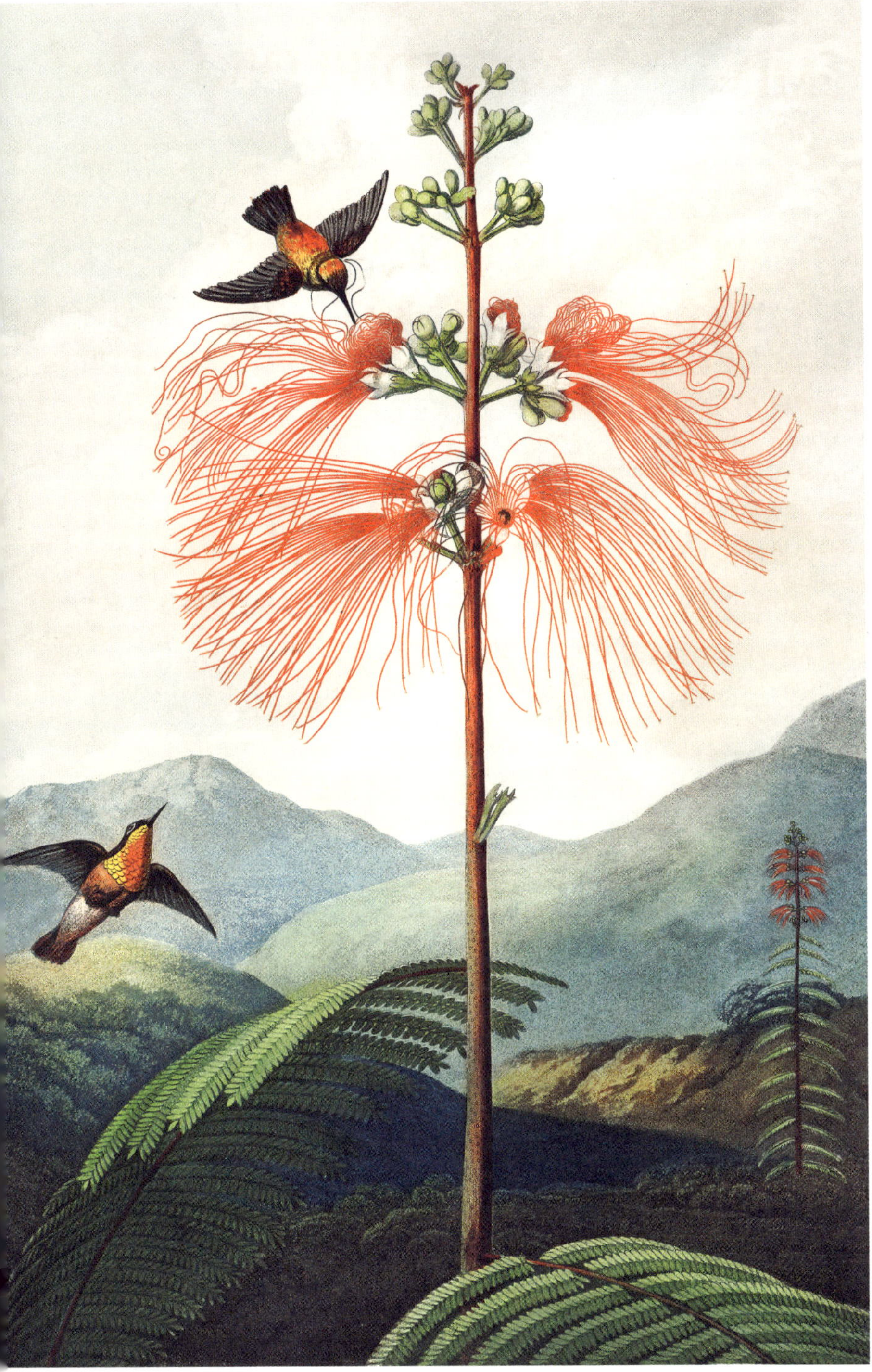

前　言

　　本书探讨了为什么即使生活条件很优渥，也仍有如此多的人在与自己的心理问题苦苦周旋。本书涉及轻度病症——抑郁症和焦虑症，但不涉及双相情感障碍或精神分裂症。原因有以下两点：首先，也是最重要的，双相情感障碍和精神分裂症过于复杂，以一本科普书的篇幅无法完成探讨；其次，若立足当今社会层面看待心理健康问题，会发现其中猛增的是轻度心理疾病，精神分裂症和重度双相情感障碍不在此列，因而不在本书的重点讨论范围。在本书中，我提出了一种基于自身经验并被多数人认为有效的、用于观察身心健康的生物学方法。若你感到沮丧，需要帮助，可阅读本书，但若你正在服用任何治疗精神疾病的药物，请务必咨询医生。

序 言
生活如此美好，为何我们会感到如此糟糕？

你可能时常感到沮丧，也或许遭受着轻度焦虑的折磨，抑或偶尔发现自己陷入了彻底的、令人身心俱疲的恐慌之中。也许在生命中的某个时刻，你会感到生活是如此暗淡，甚至没有一丁点力气从床上挣扎起来。仔细想想，这一切似乎太奇怪了，毕竟我们的双耳之间存在着如此先进的生物奇迹——大脑，它理应有能力应对这一切。

人类那变化无穷、异常活跃的大脑由 860 亿个神经元组成，其中存在至少 100 万亿个连接。这些细胞形成了错综复杂的网络，支配着身体的所有器官，同时进行着处理、解读的工作，并将无尽的感官印象按优先顺序排列。大脑可以储存的信息相当于 1.1 万个装满书籍的图书馆，这就是它实际的记忆容量。不仅如此，即便一段记忆已存在于脑中几十年，大脑也可以在瞬间调出最相关的信息，并将其与你目前所经历的事情进行联系。

那么，如果大脑有如此的本领，为何无法完成这样一个简单的任务——让你一直感到快乐？为何它坚持在你的情绪中放置一个"干扰器"呢？当我们意识到自己生活在一个前所未有的富足时代——一个会让历史上所有国王、女王、皇帝和法老都为之震惊的时代，这个谜题仿佛就变得更加神秘了。在许多地方，饥饿和战争早已成为陈年旧事，我们比以往任何时候的人都更长寿、更健康，甚至只要你感到一丝丝的无聊，丰富的共享知识和娱乐活动也都唾手可得。

然而，尽管我们现在拥有绝无仅有的生活条件，许多人仍旧在旋涡中苦苦挣扎。表明心理健康问题日渐严重的报告每天层出不穷，如警铃大作。在瑞典，每8个成年人中就有1个在服用抗抑郁药物（依据2021年3月30日瑞典国家卫生和福利委员会公布的统计数据）。截至撰稿时，世界卫生组织（WHO）估计，世界上有2.84亿人患焦虑症，有2.8亿人患抑郁症。人们担心，在几年内，抑郁症造成的严重后果将远超其他一切疾病。

生活如此美好，为何我们会感到如此糟糕？这个问题在我的整个职业生涯中一直困扰着我。是这数亿人的大脑生病了吗？还是1/8的成年人缺少某些神经递质？我意识到自己不能简单地从如今的时代开始研究，还必须立足于人类存在过的时代，于是一种新的思维方式蓦然而生。这种方法使我们更深入地了解自己的情感世界，也开辟了改善情绪的新途径。

我认为拥有着如此美好的生活，却仍感到糟糕的原因是，我们忘记了自己是生物学意义上的"人"。我们忘记了什么会使我们感到快乐。这就是为什么我们要在本书中，以神经学的角度看待情感生活和幸福，探索大脑特定的工作方式。在与成千上万的病人接触后，我亲身体会到了知识的价值。它能让我们更深入地了解到，需要优先考虑什么，才能尽可能地感到快乐；它也能帮助我们更好地了解自我，以此积极善待自己。

首先，我们要看看在遭遇最常见的心理问题——抑郁症和焦虑症时，我们的大脑中发生了什么，以及为何有时这属于正常的迹象，而并非生病。其次，我们把重点转向如何应对与处理。再次，我们会探讨自己是否确实比以往更不快乐，以及与情感生活有关的生物学观点会如何改变这种情况。最后，我们将寻找变快乐的方法。

让我们先从头开始——从字面上来看。

生活如此美好,
为何我们会感到如此糟糕?
这个问题在我的整个职业生涯中
一直困扰着我。

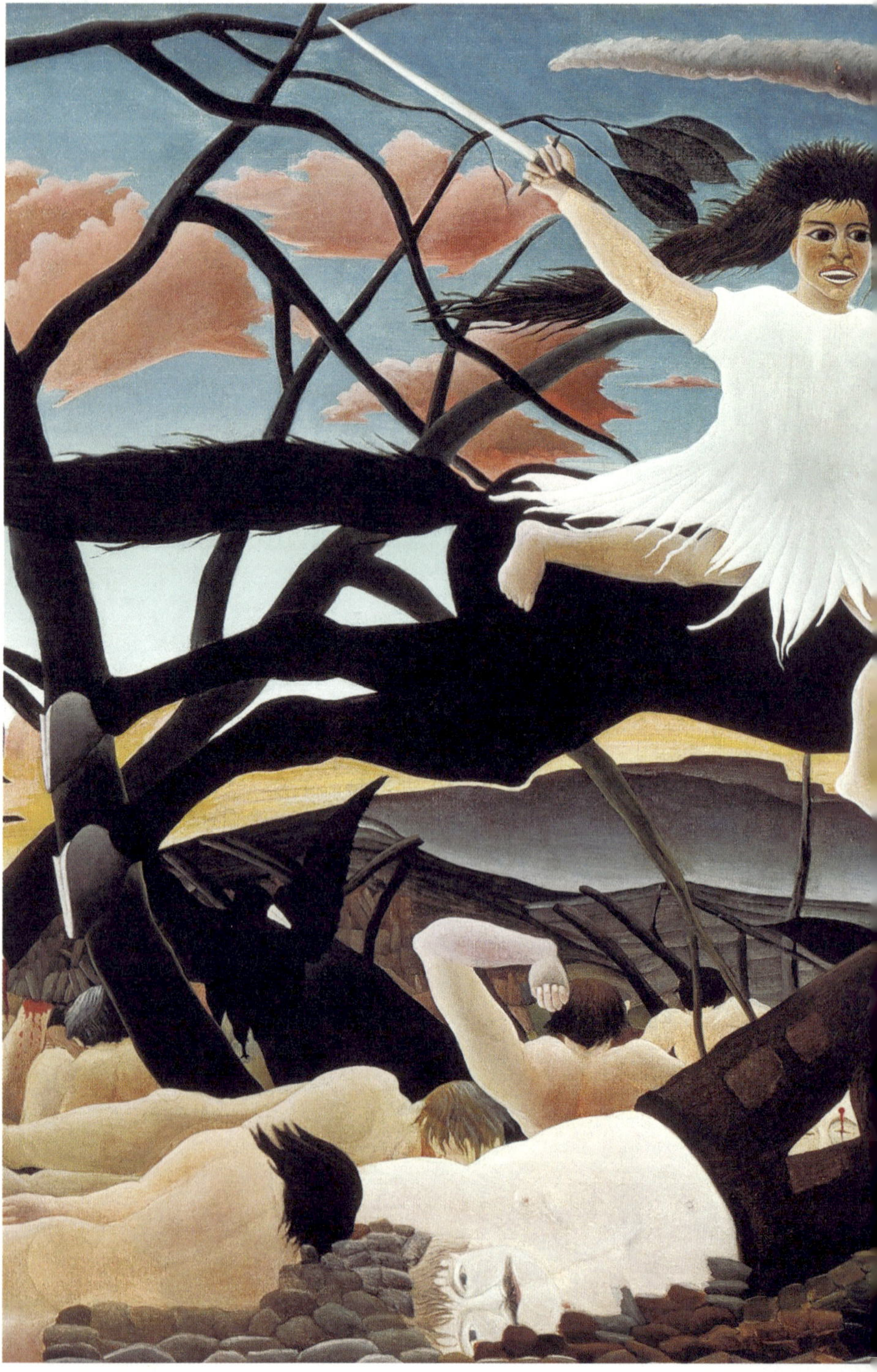

1. 我们是幸存者

> 灭绝是规则，生存是例外。
>
> ——卡尔·萨根（Carl Sagan），天文学家

让我们做一个思维练习。将自己送到 25 万年前的东非，在这里，我们遇到一个名叫"夏娃"的女人。从各方面来说，夏娃看起来和你我无异，她和其他 100 多人过着群居生活，每天收集能吃的植物来填饱肚子，也会去狩猎。夏娃有 7 个孩子，但其中 4 个不幸夭折：1 个儿子在出生时夭折，1 个女儿死于严重的感染，1 个女儿摔死了，还有 1 个十几岁的儿子在一场冲突中被杀害。夏娃的 3 个孩子长大了，而他们又孕育了 8 个孩子。这就意味着，夏娃有 8 个孙辈，其中，有 4 个能够平安长大并延续香火。

这样重复繁衍 1 万代下去，你猜夏娃的曾曾曾曾孙子是谁呢？就是你我。我们是那些从感染中痊愈，未死于分娩，未受伤流血，未屈服于饥饿，未被谋杀或被野生动物咬死的人的后代。你我是熬过战场硝烟、传染病和灾难般的饥荒的幸存者，是这个连绵不绝的幸存者链条中最新的一环。

关于这个问题，显而易见的是，你的祖先是不可能在孕育新生命之前死去的 —— 随之带来的影响却并没那么明显。对危险有着灵敏嗅觉的夏娃的后代更有可能生存下来，他们对灌木丛中的沙沙声 —— 很可能是藏在那的狮子发出的 —— 特别警惕。正因为是这些幸存者的后代，所以你我对危险也有着更灵敏的嗅

觉。同理，在我们的祖先中，那些拥有强大免疫系统的人更可能在传染病中幸存下来，这就是为什么现在大多数人都有着极好的免疫系统——尽管在换季时我们都不这么觉得。

此外，还可以推导出一个与心理特质相关的结果。夏娃的后代中，拥有强大心理素质者更有可能生存下来，换言之，你我便继承了这种特质。

我们的身后隐藏了一条连绵不绝的幸存者链条，他们中没有一个人被狮子杀死，从悬崖边跌落，或在生孩子前饿死。就这点来看，我们应该成为超人，应该像两届诺贝尔奖获得者玛丽·居里（Marie Curie）一样聪明，像精神领袖圣雄甘地（Mahatma Gandhi）一样睿智，像电视剧《24小时》中的杰克·鲍尔（Jack Bauer）一样冷静。但我们确实如此吗？

✿ 适者生存

适者生存的说法容易使人联想起"优胜劣汰"。但站在人类进化的层面，这种"适"并非指"优"或良好的身心状态，而指的是我们对所处环境的适应能力。这就是为什么我们无法根据当代社会的情况来判断祖先的生存和繁育能力，我们必须立足于人类所处历史的各种世界背景。

夏娃的孩子强壮、健康、快乐、善良，有良好的适应能力，头脑聪明，但这些品质本身在当时并不具备价值；以进化论粗暴的逻辑来说，最重要的只有两件事：生存和繁衍。这一认知完全改变了我看待人类的方式。我们的身体是为生存和繁衍而设计的，并非为了健康；我们的大脑是为生存和繁衍而设计的，并非为了幸福。你的感知，你是怎样的一个人，你是否有朋友、美食、房子或任何其他资源……假使你死了，一切就都没有意义了。大脑的最优先指令是生存。那么问题随之而来，大脑一直在保护我们免于遭受怎样的侵害呢？下页表格列举了人类在历史上的常见死因，以及你我的祖先拼命逃脱的噩梦。

现在，你很可能在想，"这一切与我有什么关系？我又不是采集者或猎人"。并非如此，恰恰是你的身体和大脑认为你仍属于那个时代。进化如此缓慢，缓慢到需要几万年，甚至几十万年才会让物种发生重大的变化。这也适用于人类，你我现在习以为常的生活方式在人类历史上不过是刚出现的事物，它的存在时间短暂到身体还未来得及去适应。

因此，尽管在你的社交媒体资料栏中，你的"工作"可能是一名教师、护士、系统开发员、销售人员、水管工、出租车司机、记者、厨师或医生，但从纯粹的生物学角度来说，你仍是一个狩猎采集者，因为人类的身体和大脑在过去1万年甚至2万年里并未发生实质性的变化。我们目前已知的，关于自身物种唯一重要的事，实际上就是人类的变化微不可察。将有资料可循的人类历史往前追溯大约5000年（乃至1万年），结果会发现人类都是由与你我无异的狩猎采集者所组成的。如此来讲，我们实际上过的又是哪种生活呢？

✿ 2分钟，25万年

人们很容易将狩猎采集的生活方式浪漫化，认为它是一种充

社会类型	狩猎采集社会	农业社会	工业社会	信息社会
时期	公元前25万年—公元前1万年	公元前1万年—公元1800年	1800年—1990年	1990年—
平均预期寿命	约33岁	约33岁	35岁（1800年）77岁（1990年）	82岁（欧洲，2020年）
最常见死因	感染 饥饿 谋杀 失血 分娩	感染 饥饿 谋杀 失血 分娩	感染 分娩 污染 心脏病发作 癌症	心脏病发作 癌症 中风
所占历史比例	96%	3.9%	0.08%	0.02%

满冒险的哈克贝利·费恩[①]（Huckleberry Finn）式的生活——生活在原始世界里小型、亲密又平等的社会中。但事实上，诸多迹象表明，生活对他们来说，很多时候其实是彻头彻尾的地狱。他们的平均预期寿命约为 30 岁，但这也不是说，每个人都会在 30 岁时去世，而是说大部分人早逝。多达一半的人在十几岁之前就去世了——很多人在出生时夭折或死于感染。那些平安长大的人都生活在水深火热的恐惧之中，常见的威胁有：饥饿、失血、干旱、野兽袭击，以及更为频发的感染、事故和谋杀。只有很少的人能够活到现代社会的退休年龄。当然，也有狩猎采集者可以活到 70 岁甚至 80 岁。因而，长寿本身并不新奇，长寿的人越来越多才是比较新奇的。大约 1 万年前，祖先的生活方式发生了最重要的一次转变：农民出现。原始社会并非一夜之间就被农业社会取代了，由游牧到农耕的生活方式的转变是在几个世纪的时间中逐步过渡成功的。农民的生活条件可以简单总结为：一个更大的地狱。尽管饿死的风险已经很低，但 30 岁左右的平均寿命和如影随形的死亡威胁却没有发生任何变化。取而代之的是，遭到谋杀的风险日益增高，因为随着争夺食物和资源的手段不断进步，更多的争抢随之而来，等级制度也更加明确。除此以外，还出现了各种传染病（将在后文中详解），劳作内容千篇一律，劳作时间也越来越长。饮食也更加单一，早餐、午餐和晚餐几乎都是谷物。

著名的历史学家和思想家们称，向农业社会过渡是人类犯下的最愚蠢的错误。如果事情在向更糟的方向发展，那为何又要做

[①] 美国作家马克·吐温（Mark Twain）笔下的人物，惯于一种自由散漫的流浪生活。——编者注（本书脚注均为编者注）

出改变？主要原因也许是，在同一片区域，农业的生产效率比捕猎更高。为温饱四处奔波的人不具备抱怨饮食不平衡、工作乏味或待遇不公的资格。

更高的生产效率意味着更多的人不再为温饱发愁，这解放了人力，促成了更专业化的分工。科学技术飞速发展，我们的社会也愈发复杂化。这一切带来的后果就是爆炸式的人口增长。1万年前——向农业社会过渡之前，人口只有500万。到1850年，即工业革命前夕，人口达到12亿——在400代人的时间里，人口数字增长了近240倍！

现在让我们回到本章初提到的夏娃，如果告诉她：在未来，她当前已知的所有威胁几乎都不再存在；在她遥远的曾曾曾曾孙辈生活的世界里，致命的传染病几乎不存在，人们也不再需要为防止野兽袭击而守夜；在后来的世界中，死于分娩的妇女大大减少，世界各地的丰富食物随处可见，所有的"单调"早已成为历史，全球的共享知识和娱乐活动都唾手可得。夏娃肯定会对这一切产生怀疑。但倘若我们能使她相信，她的后代在未来的确实现了这样的生活，她可能会欣慰于自己的辛劳终获得了美妙的回报。那倘若我们再告诉她，每八个人中就会有一个人的情绪低落到需要药物治疗，抛开"药物治疗"这个词组令她难以理解不谈，她还可能认为我们不可理喻。

那么，我们无法看清自己有多好，是否称得上不可理喻呢？我确实会为自己无缘无故的沮丧而感到自己"不可理喻"。我已数不清有多少病人在基本需求得到满足的情况下，对自己的抑郁或焦虑感到惭愧。事情并非这样简单。如上所述，你我不过是幸存者的后辈，愉悦的情绪实非生活的重点。

1. 我们是幸存者　015

在人类进化史的作用下，我们在基因层面注定要面临心理健康的难关，而焦虑和愤怒则是主要的问题，这不免令人感到沮丧。至于我们可以做些什么，使自己产生愉悦的情绪，后文中有详细讨论。在那之前我们需要了解，为何自己会产生快乐、担忧、冷漠、不适、喜悦、烦躁和狂喜等种种感受，而非如机器人一般简单地四处游走。那么，为何我们拥有情绪？

我们的身体是为生存和繁衍而设计的，并非为了健康；我们的大脑是为生存和繁衍而设计的，并非为了幸福。

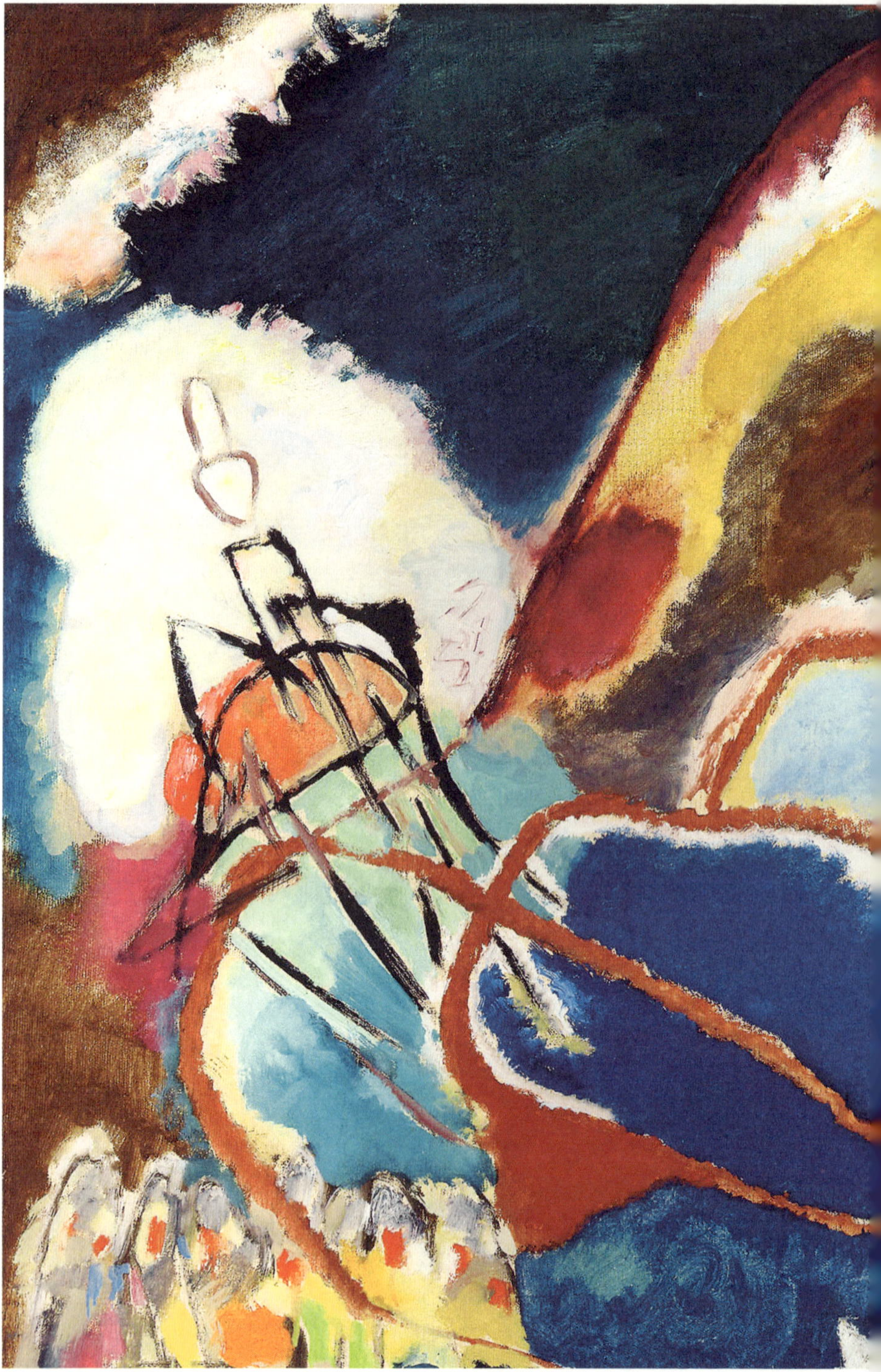

2. 我们为何产生感受?

我们不是有情绪的思想机器，
而是会思考的情绪机器。

——安东尼奥·达马西奥（Antonio Damasio），神经学家、作家

设想一个场景，你下班后匆匆忙忙赶回家，外面正下着倾盆大雨，漆黑一片。但11月的天气似乎根本不在意你的想法。你今晚要完成至少两个小时的工作，首先要赶在幼儿园关门前去接女儿回家，然后去超市购物，紧接着把衣服洗好——你预约过洗衣机今晚的启动时间吗？滚筒烘干机是不是有故障？你在仔细考虑自己应该做点什么……

当你下班过马路时，你的思绪早已飘忽到九霄云外。一瞬间，仿佛有一股无形的力量催促着你向后躲闪，刹那间，一辆公交车在你面前呼啸而过。你浑身僵硬地站在原地，只要再往前一点点，就会被公交车碾压到车下。呼，好险！你周围的人甚至没有注意到刚刚发生的事情，但对你来说，那一刻，整个世界都停止了。雨滴与汗水夹杂在一起，你的心狂跳不止，意识到自己与死亡只有一线之隔。本来一场悲剧就会这样发生，但还好，你幸免于难。因为有事物控制了你，把你从工作完成期限、洗衣机和滚筒烘干机的思绪旋涡中拉了出来，它命令你退后一步。

在无形之中向你伸出援手的是只有杏仁般大小，位于你颞叶深处的杏仁核。它参与了大脑的许多处理过程，并与大脑的其他

部分有诸多联系，因此也被称为大脑自身的"教父"。杏仁核最重要的任务之一，是通过处理感官反馈的信息来识别你周围的危险。在大脑进行信息处理之前，视觉、听觉、味觉和嗅觉的感官印象会直接进入杏仁核，它会接收到你所看到的、听到的、感觉到的和品尝到的事物。

大脑以特定方式组织活动，视觉信息从眼睛出发，经过视神经，再传送到枕叶视觉皮质的不同部分，只需要零点几秒的时间。只有完成这些，你才能识别自己看到的景象。在危急情况下，这短短的一瞬可能事关生死。因此，如果感官印象足够深刻——例如一辆公共汽车正向你飞驶而来，杏仁核就可以先于大脑做出反应。当杏仁核按下报警按钮，你就会向后退，体内的应激激素随之释放。这被称为情绪反应，你退后的步伐也是一种动作。与此同时，当你意识到自己险些遭遇不幸时，你所感觉到的恐惧的主观体验，即感受。总而言之：情绪和动作是先于感受出现的。但让我们仔细想想，当你意识到自己差点遭遇不幸，而杏仁核在你体内释放了恐惧的感受时，又发生了什么。

✺ 我们内外世界的交汇点

提起大脑对环境做出反应时，我们通常会想到物理层面的，比如一辆正向我们飞驰而来的公共汽车。此外还有一个同等重要的世界，也被大脑密切监控着，它就是我们的内心世界。你的颞叶深处存在着大脑最迷人的一部分：岛叶。岛叶扮演着汇总站的角色，它接收来自身体的信息，如心率、血压、血糖和呼吸频率，同时也接收我们的感官信息。因此，岛叶是我们内外世界的交汇点，我们就是从这里获得感受的。

这种感受并非对周围事件做出的简单反应，它由大脑构建，将周围发生的事情与我们体内的变化相结合。透过这些数据，大脑努力让我们采取最有利于生存的行动。从本质上讲，感受唯一的目的是：影响我们的行为，从而帮助我们生存，以便人类能够繁衍下去。

✪ 自动智能化

眼睛每秒向大脑传递至少 1000 万条信息，它就像一条强大的"超级光缆"，不断迸发出视觉印象。许多条具备同等强度的"光缆"也提供着来自听觉、味觉和嗅觉的印象，加之身体各个器官发出的各种信息，我们的大脑完全被信息淹没了。即使它具备一流的处理能力，也着实会遇到瓶颈，就是所谓的"注意力"问题。你每次只能专注进行一项工作，在脑海中跟随着一条思路。最后，大脑在毫无察觉的情况下完成了既定任务，并以感受的形式进行总结。我们可以将注意力比喻成一家大公司的首席执行官（CEO）。倘若一位首席执行官要求部下审查一项重要的工作，而他们带来 15 个装满资料的文件夹，首席执行官会说："我没有时间一页页翻看，请用半页纸概括出你们认为我应该采取的行动。"我们的感受便是如此，它为指导人类的行为而存在。

✪ 从果树到厨房料理台

大脑不仅仅在我们面对飞驰而来的公共汽车时创造感受，把

我们的大脑各不相同

我们的长相和身体不尽相同,大脑也是如此。岛叶存在较大的个体差异。岛叶在接收身体发出的信号并将其转化为感受方面发挥着关键作用,部分研究人员认为,这种差异意味着,人类感受到身体发出信号的程度是不同的。对一些人而言,内部感受表现得更强烈,他们会更敏锐地体验到消化道不适、脉搏加快或背部疼痛;对另外一些人来说,内部感受表现得更微弱,他们便几乎不会注意到这些刺激。对身体信号反应的不同强烈程度,可部分归因于不同人的岛叶大小不同。

一项有趣的研究正在进行之中,它关注的是岛叶的大小和活动差异是否与个性有关。例如,神经质——一种影响人对负面印象反应强烈程度的人格特质,似乎与岛叶活动有关。岛叶的大小对人们展现不同的人格特质以及对身体信号产生不同强度的反应有很大影响。这可能会使我们误认为存在所谓"正常"的岛叶,但这一点在科学上是不成立的,就像不存在所谓"正常"的大脑一样。事实上,对人类这样的群居生物来说,大脑理应存在差异。群体中的人能否掌握不同的特征和感受,对整个群体而言可能是生死攸关的。

我们从死亡边缘拉回,进而指导我们的行为,它还在我们清醒生活着的每个时刻创造着各种感受。让我们举一个不夸张的例子。你刚刚走进厨房,料理台上放着一个水果,你正在考虑是否要吃掉它。大脑是如何做出这样一个日常的决定的呢?首先它需要判断水果的能量和营养含量,然后收集你体内的营养储备情况,以及你是否需要补充营养——水果是否满足补充营养的条件。

可眼下,若每次想吃东西时,都必须有意识地进行计算,我们将会非常疲惫。因此,大脑在你毫不知情的情况下为你完成了这项工作。它权衡好所有因素并总结出答案,其载体就是感受——你觉得饿就吃水果,觉得饱就不吃。

但如果是本书开头的夏娃面临着是否爬上果树的抉择,她将不得不权衡诸多额外因素:树上果实的数量,它们的大小和成熟度,自身的营养储备是否充足,或自己是否迫切需要食物,以及她的身体状况能否爬树。她还必须将风险纳入考虑范围,比如果实在多高的位置,或树看起来是否难爬,或该地区是否有食肉动物。

显然,夏娃无法拿出纸笔(更别说电子表格)来进行计算,她能做的就是你在厨房里所做的——用大脑进行运算,并以感觉的形式给出答案。如果受伤风险小,树上又结满了果实,或她急需营养,她就会变得很勇敢,决定开始攀登。但若风险很大,收获很少,或她的营养储备充足,答案就会以恐惧或饱腹感的感受出现,她就不会去摘水果。

虽然无论在厨房里还是在树下,计算方法本质相同,但关键区别仍然存在:在厨房计算错误无伤大雅,因为就算这次不吃,以后也还有机会,而夏娃的生活可没这么奢侈。如果她的计算一贯过于鲁莽，那么她的鲁莽迟早会给她带来死亡的威胁。相反，如果她的计算过于保险，她的极端谨慎也有可能令她饿死。在人类的祖先中，只有那些在"感受"的指引下做出了正确选择的人才能生存下来，并将基因延续下去——这里所说的"正确"是指有利于生存和繁衍。就这样，一代又一代，千年复千年。

正如我们所看到的，感受并非模糊的现象，如果抛却感受，我们也不会生活得更好。感受由大脑创造，用以指导人类行为，且在数百万年的进化中，因经历残酷的选择而得到磨炼。那些会将人类引向"错误"行为的感受已经消失在基因库中——此处的"错误"是生存意义上的，那样的人没有一个能够活下来。从生物学角度说，感受是数百亿脑细胞交换生化物质的过程，会引发提升生存和繁衍能力的行为。或许，我们可以诗意地说，感受是过去上千代人对我们的低声耳语，是排除万难，设法逃过饥荒、瘟疫和横祸的人的叮咛。

❂ 为何快乐总是短暂的？

前文中的例子有助于理解为何我们无法一直感到快乐。假设夏娃决定爬上那棵树，并成功地摘到了水果，她心满意足地坐下并吃了起来，她的满足感又能够持续多久呢？估计不会很久。倘若她一次收获的满足感能够持续数月，她就没有动力去寻找更多的食物，便也很快会饿死。

这也意味着，快乐，或者说幸福，本应转瞬即逝，否则它就不适合作为人类所追求的目标而进一步激励我们了。大多数人深有体会，我们认为置换新车、升职加薪或拥有完美的房子，就能

从本质上讲，
感受唯一的目的是：
影响我们的行为，
从而帮助我们生存，
以便人类能够繁衍下去。

够对自己的命运感到心满意足。但事实证明,即便我们的确实现了自己的夙愿,满足感也会迅速被新的渴望取代,比如渴望更高的职位或更丰厚的薪水。如你所知,永无止境!

当我们对心目中最重要的事物进行排序时,"愉悦"往往名列前茅。其实"愉悦"不过是人类进化"工具箱"中众多的工具之一。这种工具,只有具备转瞬即逝的属性,才会产生效果。因此,期待一直感到幸福,就如同期望吃了厨房料理台上的水果,你这一辈子都不会再饿一样不切实际——我们的身体构造可不是那样的。

然而,当我们透过骨骼去观察大脑内部,便会发现感受并不是唯一没有按照我们想象运作的事物。心理学和神经学研究表明,大脑会更改我们的记忆。它令我们对种种不便视而不见,坚持群居的模式;它经常使我们产生错觉,让我们以为自己比事实上更优秀、更能干、更外向——偶尔也让我们觉得自己一无是处。大脑不介意我们领悟到世界的真实面貌,因为它有更重要、更狭义的任务——生存。因此,它向我们展示的,是人类为了生存必须面对的世界。这恰恰令我们陷入了最强烈的情绪旋涡:焦虑。

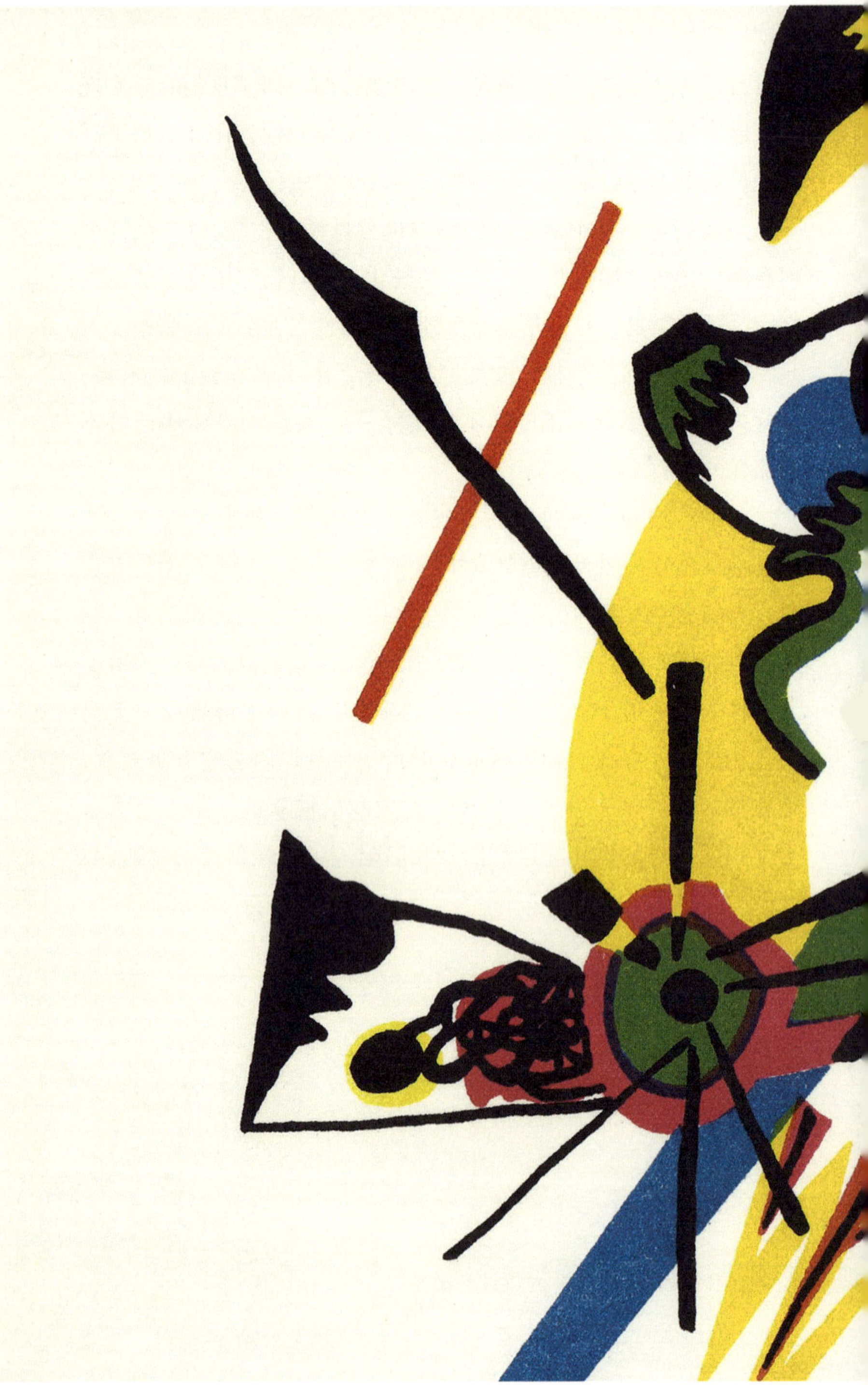

3. 焦虑与痛苦

> 我曾经历过一些很可怕的事情，
> 它真真实实地发生过。
>
> ——马克·吐温，作家

你一定体会过焦虑。为何我如此确定？因为它就像饥饿和疲劳一样，是生理的自然组成部分。焦虑是一种强烈的不适感——你感到不对劲。引用一位非常睿智的病人的话，焦虑时，人仿佛"想从自己的皮肤里钻出来"。当有人说自己精神状态不对劲时，通常提及的就是焦虑。

人们焦虑的程度和形式各不相同。一些人在持续的轻度焦虑中苦苦煎熬，似乎无形之中，一直有事物在阻止自己完全放松下来。而对另外一些人来说，焦虑也可能是突然和强烈的。对他们而言，焦虑也许与具体的事情有关，如公开演讲；抑或与一系列有概率发生在自己身上的灾难有关，如乘坐的飞机遭遇空难，孩子遭遇绑架，或者因失业被迫变卖房产。

对焦虑的最佳描述或许是一种"预先发生的压力"。如果老板在工作中痛斥你，你自然会感受到压力。但倘若你想：如果我的老板打算在工作中痛斥我，该怎么办？这就属于焦虑。人类大脑和身体的反应是同步的，但不同点在于，压力是由威胁引发的，而焦虑是由"存在潜在威胁"的想法引发的。实际上，焦虑的形式就和人的种类一样多，不过归根结底，一切焦虑都是大脑对于即将出现的"问题"的一种预警——进而激活压力系统。而所谓的"问题"可能是模糊和不真实的。显然，大脑仅热衷于告知我们，有问题出现了。

✱ "我内心的某部分破碎了"

一位 26 岁的先生来到我的诊所，讲述了以下情况：

> 我休息不好，一直想着工作中重要的会议。8 点多乘地铁时，我希望能找个座位坐着再看看重要文件，但车上挤满了人。列车突然停在两站之间的隧道里，所有的灯瞬间熄灭。那一刻，我被纯粹的恐慌笼罩着，体验到一种超乎以往的感觉。心脏在狂跳不止，头脑也在飞速运转，我好像被从世界中分离出去了。我胸口疼痛不堪，大口喘着粗气。此刻我只想离开那黑暗、停滞且封闭的列车的车厢。蹲下时，我脑中只认为自己的心脏病发作了，即将被死神带走。
>
> 人们都在盯着我看，几个人对我指指点点，低声议论。我周围的人渐渐散开。一位好心的老太太弯下腰来问我怎么回事，但我甚至无法回答。有趣的是，我当时在想，我的生命即将终结在这节地铁车厢中，多么悲凉。
>
> 当地铁最终重新开动时，有人打电话叫了救护车，救护车在下一站接到了我。3 个小时后，我坐在卡皮奥圣戈兰医院（Capio S:t Görans Sjukhus）的急诊外伤中心，等待化验结果。据医生诊断，我并非心脏病发作——因为心电图和血液检查都正常，而是惊恐发作。她询问我的真实感受，并

建议我去看心理医生。我要求她再检查一下心电图——一定是哪里出现了问题。但她说确实没有问题,而且这种情况她遇到过很多。

一周后我又见到了这位患者,他告诉我,确实是因为截止日期和坎坷的工作关系,导致他近期都觉得压力很大,但他不理解为何会产生这样突然的、令人瘫倒在地的焦虑,以及这为什么会发生在地铁上。对他而言,这些迹象表明,他的内心有部分破碎了。

*

大约 1/4 的人类都会在生命中的某个时刻经历最强烈的焦虑形式——惊恐发作。惊恐发作会引起一种极其尖锐的不适感,通常伴随着心跳加速、呼吸急促和无法控制自己身体的虚弱感。有 3% 至 5% 的人反复遭受惊恐发作折磨,生活也受到了严重的影响。他们无法乘坐地铁、公交车,无力涉足密闭空间或空旷场所。那种"担心病症发作"的"预期焦虑"可能会与惊恐发作本身产生同样的伤害。

第一次惊恐发作时,许多人到了医院都坚信自己是心脏病发作。一旦医生确定是惊恐发作,我们要做的第一件事就是向病人保证,他们没有陷入任何危境。就算他们有不舒适的感觉,心脏也不会骤停,更不会窒息。可见,大多数患有重度焦虑症的病人都坚持认定自己出现了严重的问题。那么让我们仔细看看,在惊恐发作时,身体和大脑到底经历了什么。

很多迹象表明,病症来自杏仁核,除了在上一章提过的内容,杏仁核还有其他任务——寻找人类所处环境中的危险。杏仁核标记可能出现的危险,身体选择战斗还是逃跑。压力系统随之开始调高等级,脉率增加,呼吸变得急促,大脑进而将这些信号判定为迫在眉睫的危险已经出现,并进一步加强反应;脉率和呼吸频率进一步加快,大脑又将其视为更有力的证据,认定危险的事情正在发生。如此一来,我们内心的恐慌便呈螺旋式全面上升。

☯ 烟雾探测器原理

你可能认为,这种恶性循环的"误解"理应意味着大脑的故障,可若是从生物进化的角度观察病人的反应,则又会有另一番理解。惊恐发作的源头,即杏仁核,是非常灵敏但欠缺精确的。杏仁核的工作原理就是我们所说的"烟雾探测器原理"。厨房里的烟雾探测器在非紧急情况(比如烤焦面包)下响起来,我们并不介意,因为只要确定火灾真正发生时,它能够报警就好。杏仁核的工作方式与此完全一致——它倾向于"多一次不算多的报警",以确保不会错过任何危险。但是"多一次不算多"的实际意义是什么?美国精神病学家伦道夫·尼斯(Randolph Nesse)如此解释:假设你身处大草原,听到灌木丛中沙沙作响。实际上,这沙沙声很可能只是风声,但也有微乎其微的可能性是藏了一头狮子。如果你惊慌失措地逃走,会损失约 300 千焦的热量——你的身体因逃跑而消耗的热量,若沙沙作响的真的只是风声,则损失的热量相同。然而,如果你的大脑未启动应激系统而狮子出现,这将消耗你 150 万千焦的热量——也就是狮子吃掉你获得的热量。

根据这种粗略的逻辑,大脑激活应激系统的频率应是标准要求的 5000 倍。也许你对这样人为假设的例子嗤之以鼻,但它确实使我们了解到,在充满危险的世界中,成熟的内部警告系统有着深远的意义。那些看到周围遍布危险,并不断为灾难发生做预案的人,比那些在篝火旁踢球放松的人更有机会生存下来。这种随时随地警惕危险并不断为其做预案准备的倾向,就是我们现在所说的焦虑。身体强制性激活应激系统,使你感觉到强烈的逃跑冲动,就是我们现在所说的惊恐发作。

总之,每次的惊恐发作,实际上都没有起到它原本的作用。从某种程度来说,在所有的惊恐发作中,仅有寥寥数次做到了挽救生命,但这寥寥数次也足以让大脑保持最大限度的谨慎。因此,从大脑的角度来看,我们可以把惊恐发作视为虚报,但这也表明大脑正在完成自己的分内之事,就如同烟雾探测器告诉我们面包烤焦了一样,也表明它正在完成本职工作。我们的应激系统宁可多一次,也不愿意少一次,这确实是有意为之,并非出现故障。

但按照"高度敏感的应激系统有助于生存"的逻辑继续思考,你可能会想,为什么我没有因为一点非常微小的事,就惊慌失措地逃走呢?为什么我没有在踏入地铁车厢时就慌乱起来呢?人类那些极其谨慎的祖先,难道不应该抓住一切机会躲避狮子的尖爪、蛇的毒液和危险的悬崖吗?究其原因便是,在自然界中一切都要妥协,一切都要付出代价。长颈鹿修长的脖子和腿也许有助于够到其他动物吃不到的树叶,但如果过长,就有断裂的危险。瘦小的羚羊也许跑得更快，但如果缺少脂肪，在食物匮乏的时候，它就能量告急了。如果祖先每时每刻都能发现危险，他们死于事故或食肉动物攻击的风险确实会小一些，但如果他们把一切风吹草动都当成生命威胁，被困于虚幻的影子中，就可能永远无法鼓起勇气，去寻找所需的食物或配偶。

换句话说，难能可贵的品质也总是有代价的。可能你还会争辩说，地铁上的所有惊恐发作都该被视为无效的，因为其未起到任何实际效用。但与其用今天的标准来衡量其功能，我们不如扪心自问，在何种历史情况下可能会需要这种反应，而所说的那种情况又是否会经常发生？从生存的角度来看，不惜一切代价逃离某个地方是否本应有益？后两个问题的答案都是肯定的，因而人无需对自身启动防御机制造成严重后果（例如地铁上的惊恐发作）而感到震惊，也不应惊讶于该机制能如此轻易地使行为发生——"多一次总比少一次好"。

总而言之，尽管我们生活得很安全，但仍会感到焦虑，主要原因是大脑的警报系统仍处于那个半数人口在十几岁前就会死亡的时代。在那个世界里，看到所有毋庸置疑的和不确定的危险，都能大大提高生存机会。你我是这些幸存者的后代，人类对焦虑的"易感性"大约有50%（此处为真实数字）是由基因决定的，因而绝大多数人都会把世界判定得比实际更危险。

鉴于以上原因，人类的焦虑其实并不稀奇，不会焦虑的人反而才是奇怪的！孔武有力的手臂可以举起重物，强壮的腿能够跑得更快，强大的大脑对压力、逆境和孤独却并不具备免疫力，但它依然尽其所能帮我们渡过难关。有时这样也会使我们感到担忧，想退缩，或将外物视为威胁。若将这些症状视为大脑的问题或疾病，就相当于忘记了大脑最重要的功能是生存。

倘若祖先不会轻易感到不安，那你我今天恐怕也不会站在这里。现在请假设每个人都已知这一点，那么很多像地铁车厢里的那位病人一样患有焦虑症，却坚信是自己身体出现了问题的人，实际上就会意识到，焦虑不过是大脑在以应有方式进行工作时产生的信号，这样他们说不定也会感到如释重负。

很久之后，那位在地铁上惊恐发作的病人告诉我，当他最终接受惊恐发作不会有严重后果时，它出现的频率反而下降了。另一位病人讲述了她进行自我安慰的方法："这只是我的杏仁核想让我感到害怕而已。"站在这个角度，就可以更好地理解惊恐发作，甚至是创伤后应激障碍（PTSD）了。

✪ 悲惨记忆

2005年夏天，我作为初级医生，在一家急症精神病院工作。有一位病人50岁出头，7个月前她们一家正在泰国度假，却不幸遭遇了灾难般的海啸。由于所住的酒店位于高处，所幸无碍，但身为一名护士，她主动去当地医院做志愿服务。在那里，她目睹了人们重伤或死亡的悲惨场面，其中很多伤亡者还只是未经世事的儿童。

回到瑞典后，她起初会感到不安，不过生活很快步入正轨。但是，几个月后，她开始做噩梦，梦见她和孩子们被淹死。噩梦使她愈发不安，甚至不敢入睡。等到白天，她又会突然看到泰国医院可怕的情景。她开始想尽一切办法避免回忆这次旅行。她不再看每天的报纸，也不再看电视新闻。但这样还是远远不够。只

从历史角度看待恐惧

也许你还是不确定自己的焦虑是否属于人类进化的后遗症。那么,请把注意力转移到恐惧症,即不对等的强烈恐惧。最常见的恐惧症往往发生在面对公开演讲、高处、幽闭空间、旷野、蛇和蜘蛛时,那么以上事物有何共同点?它们都在过去曾对人类造成严重威胁,但现在几乎已经不会致人死亡了。

以被蛇咬伤为例,欧洲每年平均有4人因此死亡。相比较而言,交通事故每年在欧洲会造成大约8万人死亡,扩展到世界范围,更是高达130多万。理论上来说,不应该有人恐惧蛇,反倒应该有人看到一辆汽车就感到毛骨悚然。

再谈谈公开演讲,就算在50岁生日聚会上演讲得一塌糊涂,或在学校里、工作中演讲得极其糟糕,也绝不可能害你丢掉性命。同理,每年有700万人由于吸烟而死,有500万人因为运动的缺乏提前结束了宝贵的生命。那么,为什么许多人一想到要在别人面前讲话就会感到崩溃,而对躺在舒适的沙发上吸烟却不以为意呢?

答案是,人类在历史上没有面临过缺乏运动和吸烟致死的危险,因而就不会对它们产生恐惧。此外,在过去公开演讲会导致被孤立,相当于致命危险。蛇、高处和公开演讲仍然会引起很多人强烈的恐惧,便是一个很好的证据,证明人类容易焦虑的品质是从古代传下来的。

要去警察局更新护照时经过相似的街道,她就会感到非常焦虑。

渐渐地,她逃避的地方越来越多,感觉自己生活的世界在一点点缩水。"如同我已经无法控制自己的生活,如同我无法再对自己的身体发号施令。"

很明显,她患有创伤后应激障碍,这是焦虑症的一种特别严重的表现形式,通常与患者经历或目睹的悲惨事件和痛苦回忆有关。在清醒时,这些回忆以所谓的"闪回"形式出现;在睡觉时,则以噩梦的形式出现。患病的人往往处于紧张状态,逃避一切可能勾起过去回忆的事物。创伤后应激障碍因越南战争后返乡的美国士兵而首次得到关注,当时多达 1/3 的士兵都深受其害。但是,不是只有经历过战争或自然灾害才会得创伤后应激障碍,遭受虐待、欺凌或性侵等创伤性经历也会产生类似的影响。那些在家庭中遭遇过或目睹过家庭暴力的人也是如此。

身陷创伤之中,意味着大脑认定创伤仍在继续,而且显然,我的病人的情况属于这类。这也许是自然界开的一个残酷的玩笑,大脑通过日日夜夜反复重现那些可怕的事件让她保持警惕。那么不停地让自己回想起 7 个月前发生在世界另一端的事情有什么意义呢?为了理解这一点,我们需要深入研究记忆的真实面貌。

✲ 记忆:指引着未来

在前文中,我们了解到,感受是为生存而发展起来的。我们的记忆力也是同理:记忆是为了生存,并非为了追忆。事实上,记忆无关过去,它是大脑为此时此地提供的帮助。在生活中的每时每刻,大脑都在提取记忆,选择它认定的与现在所经历的事最相关或最值得回忆的部分来指导我们。所以对于去年的圣诞节,若是在节日气氛浓厚的时候回顾,我们会觉得它就像发生在昨天,而若是在夏天想起,则会感觉是件很久远的事情。

虽然大脑确实具有深不可测的记忆力,但它不可能回忆起所经历的一切,如果我们非要不断地回顾生活中的每一个瞬间,反应速度就会大大下降。因此,大脑会决定我们需要记住什么,它在我们睡觉的时候做出了诸多类似的抉择。在睡眠(特别是在深度睡眠)中,大脑会对一天发生的事情进行筛选,选择哪些是要作为记忆保存的,哪些是需要丢弃和遗忘的。这一过程不是随机的,大脑会优先考虑它认为对生存重要的记忆,尤其是那些与威胁和危险有关的记忆。

杏仁核位于大脑记忆中心海马的正前方,如前文所述,它的任务之一是提醒我们注意可能存在的危险。这种解剖学上的接近性反映出,情感体验和记忆是紧密结合在一起的。当情感体验给我们留下强烈印象时,就表明这种体验对我们的生存起着重要作用,因此这种体验应被予以优先考虑。在面对威胁时,杏仁核受到刺激,海马则会收到信号,来记录我们当下正在经历的事,同时创建清晰且具有高分辨率的记忆。海啸已经过去7个月了,对我的病人而言却仍历历在目,好似发生在昨天。这些记忆很容易被触发,哪怕线索很不起眼,比如旅行前领取护照经过的街道与当时的场景相似。

大脑对创伤性经历产生清晰的、易被唤起的记忆,并不是在犯错。毕竟,无论环境有多险恶,大脑的主要任务仍旧是生存。因此,它尽其所能,避免我们落入同样的处境。哪怕事不如人愿，我们再次陷入同样的境地，它至少也要确保我们拥有清晰的印象，提醒自己是如何克服上一次危机的。在斯德哥尔摩的街道上，关于泰国的痛苦记忆被重新唤醒，确实很奇怪，因为在这里被海水淹没的概率几乎为零。若大脑此刻敲响了警钟，那只是因为它还没有适应"我们已经飞跃到 8000 公里以外的远方"这一事实。

任何与过去的创伤经历有关的场景，哪怕其中有的只是最不起眼的线索，都会使大脑调出那段记忆来保护我们，因此，大脑认为最需要储存的记忆恰恰是那些我们希望忘记的。这适用于所有人，并非只针对创伤后应激障碍患者。也许你有一段痛苦的记忆，它总会时不时地冒出来。通过一次又一次地重现记忆，它提醒你上次是如何处理的。这些提醒对我们的心理健康造成了影响，但对大脑来说，这却是次要的。如我们所知，大脑是为生存而设计的，并非为了幸福。

❂ "讨论它"背后的生物学原理

对于创伤后应激障碍患者来说，告诉他们痛苦的记忆实际上是大脑过度保护下的善意性误导，可以算得上是冷酷的安慰了。但从大脑的角度出发，它还是让我们了解到了创伤后应激障碍的真正含义，并且指向了缓解和治疗这种疾病的关键——当被唤起时，这段回忆也变得不稳定和可塑起来，实际上，当我们想到那些场景时，记忆就在随之发生改变。

记忆可以改变，这听起来似乎是异想天开。我们倾向于把记忆看作优兔网（YouTube）上的片段——我们可以把它们提

孔武有力的手臂可以举起重物,
强壮的腿能够跑得更快,
强大的大脑对压力、
逆境和孤独却并不具备免疫力,
但它依然尽其所能帮我们渡过难关。

取出来，看完后再放回去，因为我们认为，以后再提取出来的时候，还是会看到完全相同的片段。然而，心理学研究表明，人类的记忆更像是维基百科的页面，会被不断地更新和编辑。我们提取记忆（也就是想起这段记忆）的时候，往往就是在进行更新和编辑。

让我们打个比方。请回忆你第一次上学那天，也许你想到的是站在黑板前的老师，被秋天装扮点缀的教室，抑或为上学而打扮得漂漂亮亮的同学。你甚至可以回忆起空气中白桦树的香味，或者感受到夹杂着兴奋和期待的嗡嗡的嘈杂声。此刻，当你的思绪飘向过去，你对上学第一天的记忆实际上已经略有改变。但记忆改变的形式取决于我们现在的经历和感受。换言之，过去的记忆会因现在的思想状态而受到加工。如果你现在很开心，记忆就会变得更阳光，如果你现在比较沮丧，记忆就会变得更灰暗。

如果我们注意到这样的事实——记忆的主要任务是帮助我们生存，而非对经历进行客观描述，就很容易理解为什么记忆以这种形式工作。假设有一天，你在森林里散步，突然被狼袭击，差一点没能逃出来。你的大脑将创造一段刺激且容易再现的攻击记忆，以防止你回到同一地点，即便未能如愿，它也会让你变得非常警惕，并随时准备做出反应。后来你回到了遇袭地点，而没有看到狼的踪影，接着下一次，再以后到现在一直都没有。那么，你关于这处的原始记忆将开始转变，从极度具有威胁性转变为具有轻微的威胁性。大脑会更新你的记忆，使其与当前的恐惧水平更匹配。毕竟，如果你在森林里走了100次同样的路线，但只在其中一次遇到了狼，那么在第101次步行中遇到狼的概率就相当低了。

因此，站在大脑的角度来看，我们通常认为的"完好"记忆，即精准地记录了事件细节的记忆，未必有那么好。记忆是且应该是可塑的，同时为了能更好地指导我们，大脑应根据提取的背景对其进行更新。

这一切都可以用于治疗创伤后应激障碍。人们可以通过在感到安全的环境中宣泄不愉快的记忆，从而使记忆逐渐变得不那么具有威胁性。因此，我们完全可以谈论那些不愉快的记忆——但要在感到平静和安全的环境中进行，和亲密的朋友或治疗师一起聊聊，并注意循序渐进。如果记忆真的特别痛苦，最好先尝试把它们写下来。

在安全的环境中宣泄痛苦的记忆——不管内容是意外，还是遭受欺凌、骚扰或虐待，其目的与前文所举的森林的例子相同。久而久之，那些记忆就会渐渐变得不再那么恐怖。从神经学上讲，试图压抑创伤性记忆通常是下策，这意味着创伤永远不会改变，反而会永远定格。

惊恐发作和创伤后应激障碍，可算得上最痛苦的焦虑形式，但它们也是大脑试图保护你的方式。所有形式的焦虑都有相似的内核：大脑希望你谨慎行事，并将安全放在首要位置。我们最需要知道的是：焦虑并不危险。这也绝不意味着焦虑就应该被轻视，恰恰相反，它应该受到重视。对于受此折磨的人来说，焦虑是活生生的地狱。任何经历过重度焦虑（无论何种具体形式）的人都明白，焦虑症能够控制并毁掉自己的整个人生。对于重度焦虑，想要"矫正"相关的信念，与试图用嘴吹气改变风的方向一样，必然是徒劳的。

众所周知，飞机坠毁的可能性极小，人也不大可能在密闭的地铁车厢里窒息而死，但这样的逻辑推理起不了任何作用，因为焦虑症会压倒一切逻辑，让我们无法思考其他事情，而这正是问题的关键所在！要是焦虑症能被"选择快乐，不要恐惧""积极思考"这样的陈词滥调战胜，那它从一开始就不会存在；要是焦虑症有可能如此轻易被摆脱掉，那么它怎么可能有力量对我们的生活造成什么影响呢？

✺ 为什么我应该寻求帮助？

几乎每个人都会在某些时候感到焦虑，但我们又该如何划出"正常"和"需要寻求帮助"之间的界限呢？有一个很好的方法——如果焦虑限制了你的生活，你就需要寻求帮助。倘若你想做（并非被要求做）一些事情，无论是参加聚会、上网冲浪、去电影院还是旅行，但由于强烈的不适感一直在回避，那么我认为你应该寻求帮助。

当我们对做某件事的场景感到不舒服时，就会倾向于回避，而这正是治疗焦虑症时尝试打破的模式。通过缓慢而可控的方式将自己暴露在引起焦虑的事物面前时，大脑会意识到自己的探测系统可能有些过度活跃，并最终减弱自身的敏感性。我们也可以通过谈论令人心痛的回忆来重新塑造记忆，但这同样是需要时间的。毕竟，大脑的设定是，只要能避免一只狮子的攻击，宁可逃离 1000 个沙沙作响的灌木丛。要克服对公开演讲的恐惧，光是进行两三次努力还不够。这需要日积月累的努力，但随着时间的推移，付出总会有回报的。

所有焦虑症疗法的基础思路都差不多：大脑认定世界比实际

上更加危险和更有威胁性,而我们应该尽量不去关注这些想法。但可惜知易行难。要想真正帮助病人摆脱痛苦,就要以大脑的角度看待焦虑。大脑不会向我们展示现实情况,它会想展现哪些场景人类才能生存下去。大脑将世界判定为黑暗和具威胁性的,并不意味着我们的神经是脆弱的,反而意味着我们强大的大脑正在尽职尽责地工作。

大多数病人经过治疗都会得到改善。作为一位对进化生物学拥有浓厚兴趣的精神病学家,我完全尊重焦虑的强大力量,因为它能够且应该帮助大脑实现它的目的。不过,当我看到治疗,特别是认知行为疗法,对我的病人所产生的效果时,我无法抑制地为大脑奇妙的变化能力而惊叹不已。治疗并非唯一有效的方法,对于几乎所有形式的焦虑症,都有一个经常被忽视但又有着惊人效果的治疗方法——体育锻炼,它还能让你有其他方面的意外所获。但记住开始时要放松,因为脉搏增加会被大脑误判为有迫在眉睫的危险,反而会导致进一步的焦虑。

我们将在后文中仔细探讨如何通过体育锻炼来管理焦虑问题。许多患有重度焦虑症的人也体会到了抗抑郁药物的作用,所以如果你患有重度焦虑症,请与医生详细探讨此问题。

不同的治疗方法并不相互排斥,而且更有趣的是,它们似乎还会影响大脑的不同部分。显然,体育锻炼和药物治疗可以缓解我们大脑深层区域的警报系统,如杏仁核。此外,治疗会使大脑中最先进的部分(例如额叶)得到更充分的利用,并教我们在焦虑时进行心理管理。对大多数人来说,几种治疗方法并行是最有效的。谈到焦虑症的治疗,一加一往往可以产生四或五的效果,所以解决焦虑症的战线越多越好。

两个消除焦虑的技巧

1. **深呼吸**。如果你患有急性焦虑症,一个可靠的做法是,请注意自己的呼吸。通过平静地呼吸,长长地呼气,身体会向大脑发出信号,表明当下没有危险。支配人类器官工作的神经系统是不受思想控制的。这个系统名为自主神经系统,组成它的是两个不同的部分:交感神经系统和副交感神经系统,前者通常与战斗或逃跑反应有关,后者与消化和休息有关。

我们的呼吸会影响交感和副交感神经系统之间的相互作用。吸气时,交感神经系统活动略有增加,促使我们选择战斗或逃跑。事实上,吸气会使心脏跳动得更快,因此,运动员们赛前都会急促地呼吸几下来为比赛打气,并不是巧合,而是为了激活自己的战斗或逃跑反应。相反,当我们呼气时,副交感神经系统活动增加。心脏跳动的速度会变慢,战斗或逃跑反应会被抑制。

因此,如果你感到焦虑,可以在一旁站几分钟,做几次平静的深呼吸,并留意使呼气的时间长于吸气的时间。经验之谈一般是吸气4秒,呼气6秒。深呼吸实际花费的时间要比感觉到的长一些,所以多练习几次更好把握。长呼气的深呼吸具有惊人的效果,可以干预大脑以调节战斗或逃跑反应。对许多人来说,焦虑感静静消失的感觉是可感知的。

2. **语言表达**。如果缓慢呼吸没起作用,还有另一个技巧:用语言描述你的感受。额叶(我们实际上有两个额叶,大脑的每个半球都有一个,但我所指的是其中的一个)位于前额后面,是大脑中最先进的部分。一般来说,额叶可以分为两部分:内侧部分,在两眼之间;外侧部分,在太阳穴边上。内侧部分更注重自身,它记录了身体内部所发生的事,对感受和动机来说很重要;外侧部分专注于我们周围发生的事情。这部分对计划和解决问题来说很重要。把手指放在眉毛之间,就是在指向大脑中专注自己身体的部分。然而，将手指向眉毛的外侧移动，就是在向处理周围发生事情的部分移动。

有趣的是，激活额叶会对杏仁核产生强大的抑制作用。当实验参与者看到愤怒和恐惧的面孔的图像时，他们的杏仁核会受到刺激，这没什么好奇怪的。毕竟，愤怒的脸属于一种威胁，而一个恐惧的表情可能意味着周遭环境需要我们注意。然而，当参与者应要求阐明他们所看到的东西，说出"她看起来很生气""他看起来很害怕"时，额叶（特别是外侧区域部分）的活动是在增加的。

研究表明，当我们描述感受时，额叶的外侧部分，也就是关注周围环境的部分，会受到刺激。由于这种活动抑制杏仁核，我们可以利用它来更好地调节自己的感受。

请练习用语言表达感受，并尽量贴切一点。你越善于表达自己的感受，就越能从旁观者的角度审视它们，而不是被牵着鼻子走。

❁ 从童年创伤到防御机制

在我成长的过程中，人们很少讨论心理疾病。我倾向于将"精神病学"与约束衣和软垫房相联系，而"焦虑"对我而言是个模糊的术语，我对它缺乏足够的了解，它只让人联想到英格玛·伯格曼（Ingmar Bergman）的电影。今天你可以在亚马逊上找到6万本关于焦虑的书籍，在谷歌上搜索同一个词，会出现约4.46亿个结果，其中有2000万个是在我写这一章时新增的。这可能会让我们误以为焦虑是新事物，但事实并非如此。哲学家伊壁鸠鲁（Epicurus，公元前4世纪）、西塞罗（Cicero，约公元前50年）和塞涅卡（Seneca，约公元50年）早就描述了焦虑的感受。后两位甚至提供了有关治疗的意见，算得上创造了世界上最早的认知行为疗法手册！因此，可以说焦虑存在的时间几乎与人类的历史一样漫长。然而，发生改变的是我们看待它的态度。

长期以来，焦虑都被认为是与过度深谋远虑有关的陷阱。设想出的可能情况越多，我们就会变得更加担忧。先进的大脑使人类能够设想出大量可能出现的结果，并解析不同的行动可能导致的不同结果。这虽然确实有利于制订计划，却也可能成为焦虑的罪魁祸首，因为它会让我们想起很多不想看到的场景。因此，我们可将焦虑视作人类为自己的智慧付出的代价。

然而，在20世纪初，奥地利精神病学家西格蒙德·弗洛伊德（Sigmund Freud）提出了另一种理论。他认为，焦虑是我们压抑不愉快的童年记忆的结果。弗洛伊德把人类的心理看作一个战场，潜意识的不同部分为掩盖或曝光痛苦记忆而战斗着。弗洛伊德断定，焦虑是内在冲突的结果。他认为，如果能够识别和处理那些痛苦的、被压抑着的回忆，内心冲突就会得到解决，焦虑也将随之消失。

让我们再做一个思维练习来探讨此想法。假设我身负焦虑的灵魂，在20世纪20年代来到维也纳弗洛伊德的诊所寻求帮助。弗洛伊德会将我安置在沙发上，深思熟虑地抚摸着自己的白胡子，然后让我讲述自己最惨痛的童年记忆。对此，我会回答说，我没有任何痛苦的童年回忆，我的成长过程非常快乐。

"大错特错！"弗洛伊德会说道，"你的神经质人格源于你正在压抑的恐怖经历。"仿佛在沙发上坐了几个世纪，我们最终找出了一些压箱底的创伤，打算一起处理掉。也许最后我们只能想到，父母曾把我遗落在沙滩上，或在我没有打扫房间的时候狠狠地揍了我一顿。"一定是这个原因，记住我的话！"

弗洛伊德确实对我们内心感受的表达做出了贡献，但是现在的研究可以表明，他关于焦虑症的思考是很荒唐的。人们对他的说法的认可度已经越来越低了，这在我看来是一件好事，因为弗洛伊德的理论意味着，父母因孩子的焦虑症而备受指责。当然，悲惨的童年确实会大大提高患焦虑症的风险。当我们在幼小的时候经历了刻骨铭心的压力，就会向大脑发出信号，告诉它现在生活的世界很危险，这反过来又触发了大脑的警报系统和对"烟雾"的敏感度。但无论是神经科学研究还是心理学研究，都无法佐证焦虑是由受压抑的童年回忆引起的。事实上，我们对焦虑的易感性几乎有50%是由基因决定的。换言之，在很大程度上，对焦虑症的易感性在出生时就已经是既定的了。

之所以如此迂回地质疑弗洛伊德，是因为他的影响力确实很大，甚至不仅仅局限在心理学家和精神病学家群体中。弗洛伊德影响着作家、艺术家和导演，其中也包括艺术家萨尔瓦多·达利（Salvador Dalí），导演斯坦利·库布里克（Stanley Kubrick）和阿尔弗雷德·希区柯克（Alfred Hitchcock）。弗洛伊德的思想经由这些文化巨头在更广泛的社会获得了巨大的影响力，他在人类心理认知上的影响达到了极点。认识弗洛伊德的理论很重要，是因为它重塑了我们对焦虑的看法，将后者从生活的一个正常方面变成了需要治愈的病态事物。

一种更符合当前知识的观点是，焦虑是一种自然的防御机制，它保护我们免受伤害，且通常可视为大脑在正常工作的标志。有些人有更加敏锐的防御机制，所以会比其他人经历更多的焦虑。我个人就属于这种类型。与此同时，有些人的防御机制没那么敏锐，经历的焦虑也就较少。但几乎所有人都有一个共同点，就是我们实际上经历的焦虑比本应承受的多。

弗洛伊德关于焦虑症的理论听起来也许颇有见地，但也不过是猜测而已。那么，这种理论又为何吸引了如此多的人？也许是因为弗洛伊德给了我们可以完全摆脱焦虑的希望。这是个很可爱的想法，但我相信你已经有所察觉，从人类进化的过程来看，这是不现实的。

*

如果您患有焦虑症，我希望本章不会带给您未受到尊重的感觉。我也注意到，有关焦虑的生物学观点可以帮助人们从更广泛的视角来看待它。一些病人已经了解到"这只是我的杏仁核在作怪""惊恐发作只是一个错误警报，是大脑功能正常的信号"。

这使他们的焦虑感不那么强烈和突然。甚至还有些患者从中发现了逻辑，使恐慌变得更容易理解，更正常。了解我们内心的慌乱有其目的和结构，这不仅令人感到宽慰，还使我们能站在旁观者的角度观察情感世界。从认知行为疗法到心理动力学疗法，几乎所有疗法都离不开对自身的训练——训练自己从外部观察自身情绪，根据我的经验，以大脑的角度来观察焦虑，可以达到同样的效果。它作为一种治疗手段，让我们以退为进，了解自己的感受。

听到病人描述自己从大脑的角度看待焦虑时有多欣慰，我总会想起电影《绿野仙踪》（*The Wizard of Oz*）中最后的场景。在这个场景中主角多萝西面对着一个可怕的巫师，直到多萝西的狗拉开周围的幕布，她才意识到自己一直恐惧的并不是什么巫师，而是一个带着杠杆和按钮的假人。更重要的是，这个假人场景实际上是为了帮助多萝西而设置的。焦虑也是如此。一旦我们了解到焦虑并不危险，相反是为了帮助我们，再对大脑按下的神经生物学按钮产生更多了解，就不会认为焦虑那么具有威胁性了。通常，对焦虑了解得越多，它对我们造成的困扰就越少。我们学习得更多，就会对自己更宽容。对许多人来说，这让他们对自己有了更多的怜悯心。

换言之，如果焦虑给你带来了伤害，你就应该寻求帮助。焦虑或不适感对心理健康并无益处。但请记住：焦虑是生命的自然组成部分，它是人类生存的条件。任何期望过上毫不焦虑的生活的人都会感到失望，因为绝大多数人的构造都不是那样的，同样这也不意味着我们是不健全的。

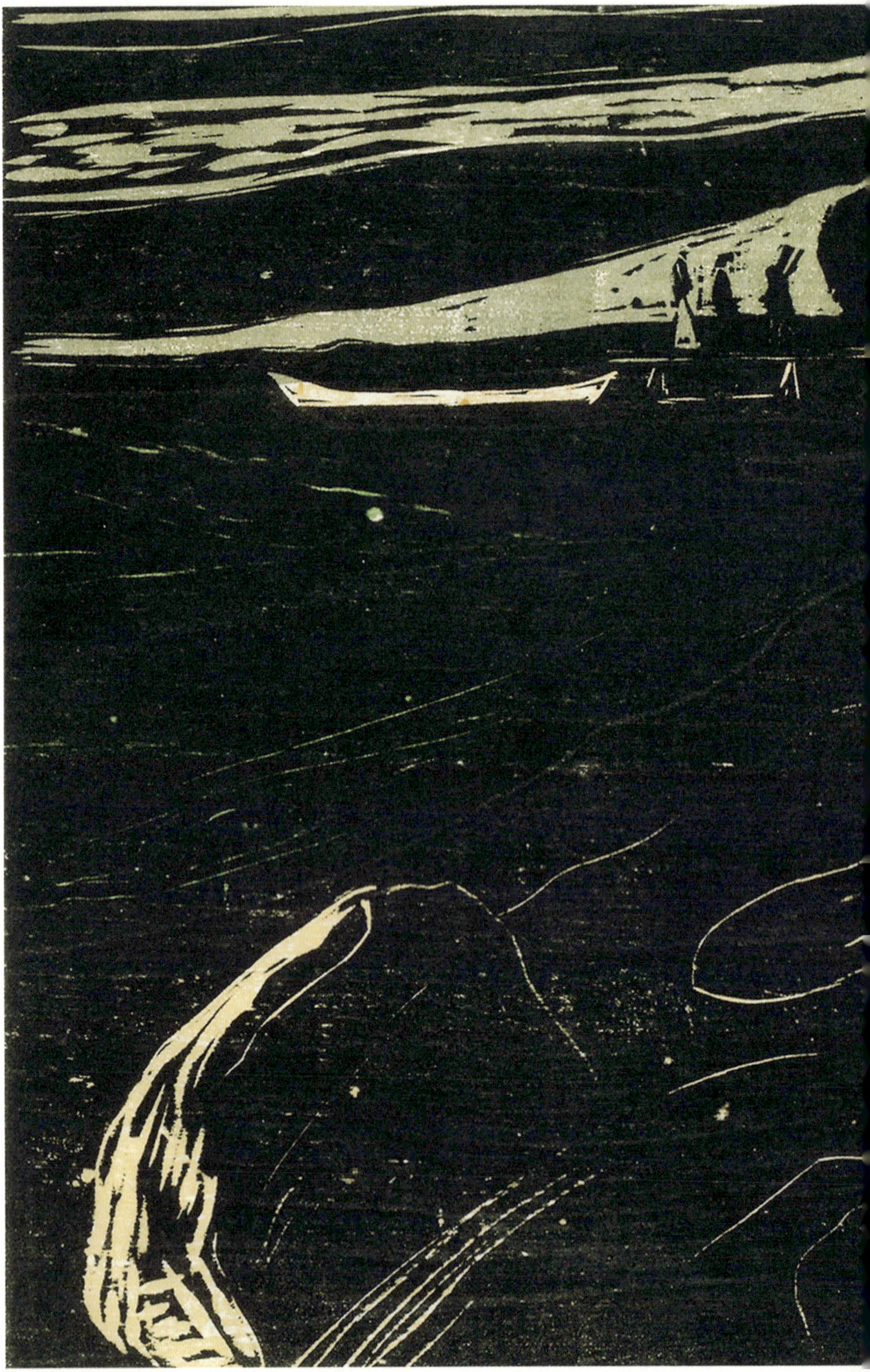

4. 抑郁症

> 除非放在演化的光芒之下,
> 否则生物学的一切都没有道理。
>
> ——费奥多西·多布然斯基(Theodosius Dobzhansky),
> 遗传学家和进化生物学家

之前我们已经从大脑的角度研究了焦虑症,现在是时候把注意力转向下一个重要的精神病学诊断结果:抑郁症。若你是一个女人,你有 1/4 的概率在人生中经历抑郁症;若你是一个男人,这一数字是 1/7。世界卫生组织估计,世界上有超过 2.8 亿人患有抑郁症。但是,尽管我们给这种疾病贴上了单一而广泛的标签,这 2.8 亿个抑郁症患者并非都在遭受同样的痛苦。

"抑郁症"一词是从各种各样的体验中提炼出的,其共同点是悲伤的感觉,以及对曾经喜欢的活动失去兴趣。聚会、度假、和朋友书信往来——一切都让人感到没有意义。同时,这些感觉不止持续一天——短暂的失意人人都有——它们将持续几周乃至几个月。抑郁症的对立面不是幸福,而是活力。患上抑郁症,就仿佛你静默地站在原地,处于"节能模式"。

因此,所有抑郁症的共同点是,感觉曾经带来快乐的事物变得没有意义。然而,除此之外还存在的不同是,有些人可能会感到持续性的疲惫,需要比平时有更多的睡眠,而有些人可能无法入睡,或在半夜醒来时感受到强烈的焦虑;有些人可能会食欲大增,体重迅速增加,而有些人可能根本没有食欲;有些人会感到不安和焦虑,而有些人则对一切都漠不关心。

常见的误解是,抑郁症是由神经递质 5- 羟色胺、多巴胺和去甲肾上腺素的缺乏引起的,但事实并非那么简单。毫无疑问,这三种物质都会受抗抑郁药物影响,对许多病人产生良好的疗效,在治疗抑郁症中发挥重要作用。话虽如此,但把大脑想象成一碗含有三种不均衡成分的汤,并不能反映出抑郁症真正的复杂性。抑郁症可能涉及大脑的不同区域和系统,是各因素和条件综合导致的结果。

虽然大脑内部发生的事情复杂且因人而异,但要是研究触发抑郁症的原因,会惊讶地发现,病因往往是同一件事:压力。特别是长期(并非几天或几周,而是几个月甚至几年)持续且无法控制的压力。然而,压力还不是全部的解释。人类生来就有遗传层面的不同患病风险,对于具备高风险的人来说,司空见惯的事情——例如工作中的冲突就足以触发抑郁症;对另一些人来说,可能面临更大的压力,如失去爱人,才会触发抑郁症;而还有一些人,无论在生活中遇到什么,都很难受影响。有句话是:"基因给枪上膛,环境扣动扳机。"近几十年来,人们付出了巨大的努力,试图确定为"枪"装弹的基因。

*

当中、美、英、日、德、法 6 国在 2000 年 6 月宣布人类基因组工作草图绘制完成时,时任美国总统比尔·克林顿(Bill Clinton)拥有着无止境的热情。他郑重宣布:"我们正在学习上帝创造生命的语言……有了这些深奥的新知识,人类即将获得巨大的、崭新的力量来治愈疾病。"新千年的闪耀黎明将自古以来困扰人类的疾病和痛苦置于尘埃之中。

现在,大约20年过去了,我们可以很肯定地说,基因组测序确实是开创性的,并为一系列不同的疾病开辟了新的治疗机会。然而,其中有一个例外,存在于精神病学领域,它就是抑郁症。研究人员曾希望找到一个引发抑郁症的单一基因,这个基因存在于生物机制中,可用药物进行修复。然而,没有这样的基因存在。也不存在任何一个导致双相情感障碍、精神分裂症或焦虑症的基因。我们反而发现了数以百计(或数以千计)的基因,它们都在抑郁症的患病风险方面发挥着自己小小的作用。

当找到抑郁症基因的希望破灭时,神秘的事物也就开始变得具象化。最终研究人员发现,会对人类患抑郁症的风险造成影响的基因是常见的,且存在于许多人身上。暂且不论这作用有多么微小,它们为何会出现在这么多的人身上?难道进化不应该把它们剔除掉吗?毕竟,抑郁症不只在今天造成了痛苦,对于平日狩猎采集的祖先来说,生活在持续的"节能模式"中,或者失去快乐的能力,其结果都是毁灭性的。为什么大自然让我们如此易患抑郁症,以至于它现在甚至已经影响了2.8亿人?

❂ 与病毒有关,而非人

失眠是最可怕的。我很早就上床睡觉,一个小时左右才能入睡,然后在两点半惊醒,感受到心悸和可怕的焦虑。三个星期后,一切都停顿了。我变得麻木不仁,不再接电话,埋怨世上的一切。我不得不工作，但我做不到。最后，人们也不再打电话给我。

但后来情况发生了逆转，我永远都睡不够。尽管每晚睡12个小时，但我就像没得到休息一样。每当这时，我就会被这种近乎疯狂的焦虑折磨。我确实曾短暂地有过自杀的想法，为了逃避痛苦。谢天谢地，我太提不起精神了，以至于都无法真正考虑如何去实施。

最后我寻求帮助，医生开了药，我也开始接受治疗。4个月后，情况开始逐渐好转，但这一切都太缓慢了，我几乎看不到什么改善。6个月后，我才开始看到隧道尽头的曙光，今天我感觉好多了。但是我永远都不想再回到那段日子，我会尽我所能避免情况再次发生。

这是一位43岁的护士在回顾自己的用药史时对我说的话，而我震惊于她目前的良好状态与过去的低落状态之间的反差。

为什么她曾经感到如此低落，甚至发展到考虑自杀的地步？她讲述了精神崩溃之前的情况，多年来她一直生活在巨大的压力中，因为她的两个孩子都是学校的问题少年，并且接受着神经精神障碍的检查。虽然她觉得与孩子有关的压力是可控的，但当工作也变得棘手时，她的压力就变得不堪重负了。

她要做的是重组她所在部门的工作流程，她觉得这件事无意义又不可控。经过近一年的努力，重组工作终于被取消，她也从这一艰难的任务中解脱出来。大约在同一时间，孩子们的情况也得到了改善，他们从学校和儿童精神病学服务中心得到了更好的帮助。然而，就在一切都应该很顺利的时候，她被击溃了。抑郁症如此严重,以至于她一度考虑自杀。她解释说:"当我稍微放松警惕的时候,压力就乘虚而入牢牢抓住了我。"

*

我已经数不清有多少病人像这位 43 岁的女士一样,在经历了一段时间的巨大压力后陷入了深深的抑郁。长期以来,我一直视压力为问题的征兆。读者可能会问,健康的大脑难道不应当迎接挑战,在持续的压力下变得更加强大,如同肌肉会在艰苦的锻炼中变得更加紧实一样吗?但事实是,一旦压力过大,我们就会陷入黑暗。

我们经常从自己与他人关系的角度来看待抑郁症,以及触发抑郁症的压力。毕竟,社会心理压力往往是我们压力的根源。但我逐渐意识到,无论从近几十年来一些最具突破性的医学研究的角度,还是从大脑的角度来看,我们都应该考虑抑郁症与细菌和病毒的关系。作为众多精神病学家和研究人员中的一员,我认为,人类会患抑郁症实际上可能因为自有的防御机制,这种机制曾在历史上保护过我们。事实上,一些抑郁症可以由我们的免疫系统触发。这一结论也有助于解释为什么我们中的许多人如此容易患抑郁症。接下来让我们仔细理顺一下思路。

❂ 一半人死在童年

说起担心生病,我猜你最担心的是心血管疾病、癌症,甚至还有新型冠状病毒感染。它们是 2020 年瑞典最常见的三个死因。

从历史角度看,抛去新型冠状病毒感染,剩下的疾病也很不同寻常。在过去,感染极易致人死亡。在人类历史的大部分时期里,都有大约一半的人活不到成年,其中大部分死于感染。请再消化一遍这句话,因为它真的太过惊人:一半的人在童年时死亡,大部分死于感染。传染病造成的威胁一直持续到几代人之前才刚刚得到解决。就在并不遥远的20世纪初,人类最常见的死亡原因是肺炎、肺结核和胃肠道感染,而这些都是传染病。就在四代人以前,肺结核夺去的生命比今天所有形式的癌症都要多。

在1870年至1970年,天花夺去了5亿人的生命,比第二次世界大战多10倍,儿童受到的影响尤其严重。但是毫发无损地度过童年并不意味着你就安全了。在1918年至1920年,一场被称为西班牙流感的严重流感夺去了至少5000万人的生命,且对二三十岁的人来说尤其致命。因此,在20世纪初,对欧洲年轻人构成最大威胁的不是第一次世界大战,甚至也不是第二次世界大战,而是天花和西班牙流感。如果真要编辑一份"世纪报纸",当时的头版头条将是"人类的预期寿命增加了1倍,对抗传染病的斗争取得了非凡的进展!"。

这对理解抑郁症有何重要之处?答案便是,你的身体和大脑,生理和心理都是踩着那些早逝的人的肩膀进化而来的,你是那些没有在童年时死亡的人的后代。如此简单的事实是身体运作机制的根源。举个例子,我们假设有两种可怕的传染病袭击了祖先,姑且称它们为白热病和灰热病吧。白热病只感染儿童,它杀死了一半的患者,有一半的孩子能活下来——这要归功于他们的基因优势。与此同时,灰热病也会使一半的感染者死亡,但它只感染70岁以上的人。同样,那些在灰热病中幸存下来的人也具备基因优势。

现在让我们想象一下，白热病和灰热病在一场可怕的疫情中席卷全球，一半的儿童和一半70岁以上的老人都死了。在疫情后，所有幸存的儿童都携带了保护他们免受白热病感染的基因，且由于同样的原因，所有幸存的70岁以上的老人都携带了保护他们免受灰热病感染的基因。假设人们再繁衍两代，那么现在人的基因会对哪种疾病有保护作用？答案是白热病。因为它只影响儿童，那些被感染的人在长大并拥有自己的孩子之前就死了。因此，使人类更容易感染白热病的基因并没有世代传递下去。相比之下，易受灰热病影响的基因则得到了传承，因为那些死于该病的人处于生命晚期，那时他们已经有了孩子，并将这些基因传承了下来。推而广之，这意味着我们的身体和大脑已经进化到可以在历史上致年轻人死亡的疾病中生存下来。

❄ 不同的传染病

鉴于传染病在历史上夺走了如此多的年轻生命，我们发展出了特别强大的防御机制来应对。为了解这一点和抑郁症的关系，需要看一下对人类构成威胁的感染病类型。智人大约在25万年前出现在非洲。如我之前所解释的，人类在其历史上的大部分时间里都以狩猎和采集为生，直到大约1万年前才开始向农业过渡，人类开始聚居，并饲养动物作为食物。而这两个因素使疾病更容易从动物传给人类，然后在人类中间传播。

结核病、肝炎、麻疹、天花和艾滋病可能都源自动物，它们跨越物种屏障传播给人类，随后在人口更密集的社区中传播。因

连总统也不能幸免于难

其实在你我生存的时代，人类已经很善于防止传染病导致的早年死亡，甚至于完全忘记了它们曾经带来的威胁。人类的生命比统计数据更能说明这些神奇的医学进步。你或许也知道美国总统约瑟夫·拜登（Joseph Biden）在生活中遭遇的一系列悲剧。1972 年，他在一场车祸中失去了妻子娜丽亚（Neilia）和女儿娜奥米（Naomi），2015 年，他的儿子博（Beau）因脑瘤去世。拜登的人生故事是全国性的创伤，许多人认为这使他对人类痛苦的认识和理解在总统中是独一无二的。与近几任美国总统相比，拜登的悲惨经历可能使他成为独一无二的人，但稍微回顾一下历史，就会发现这种悲剧更像一种常规而非例外。在 19 世纪 40 年代和 50 年代，美国第 16 任总统亚伯拉罕·林肯（Abraham Lincoln）有 4 个儿子。爱德华·林肯（Edward Lincoln）在接近 4 岁生日时去世，很可能是死于肺结核。威廉·林肯（William Lincoln）11 岁时疑似死于伤寒症。托马斯·林肯（Thomas Lincoln）18 岁时死于肺结核。只有一个儿子，罗伯特·林肯（Robert Lincoln），活到了晚年。类似的悲剧也发生在托马斯·杰斐逊（Thomas Jefferson，美国第 3 任总统）身上，他的 6 个孩子中，有 4 个在两岁生日前就夭折了。威廉·哈里森（William Harrison，美国第 9 任总统）有 10 个孩子，其中 5 个去世了。扎卡里·泰勒（Zachary Taylor，美国第 12 任总统）有 6 个孩子，失去了 3 个。富兰克林·皮尔斯（Franklin Pierce，美国第 14 任总统）失去了他所有的 3 个孩子。这种情况一直持续到 20 世纪，当时德怀特·艾森豪威尔（Dwight Eisenhower）因猩红热失去了他两个儿子中的一个。

我们可以认定这些总统和他们的家人拥有他们所处时代最好的医疗条件，但其中仍然有一半的总统子女死于疾病，这也清楚地提醒着我们：直到不久前，人类才摆脱易因疾病早逝的命运。

此，肺结核、天花和麻疹的历史可能不超过1万年，从进化的角度来看，这使它们成为"新"疾病。这些疾病是人类为了聚居，饲养动物养活更多人而不得不付出的代价。在狩猎采集者祖先的时代，我们没有受到这些疾病的影响，是因为我们生活在非常小的群体中，感染很难传播。

像新型冠状病毒感染这样很强的流行病在狩猎采集者的时代实际上是不可能出现的，因为它需要来自不同地方的许多人彼此互动。但这也不意味着狩猎采集者就可以免于疾病。困扰他们的感染往往不是源自动物的病毒和细菌。相反，狩猎采集者更可能因变质食物或伤口而感染。而且，如果不能获得抗生素，感染的伤口可能会引发灾难性的后果。那么，这些人冒着受伤的危险，他们的感受又是什么呢？是的，就是压力！追逐的压力，逃跑的压力，起冲突的压力。所有这些都意味着受伤的风险，以及感染风险由此增加。

美国精神病学家查尔斯·雷森（Charles Raison）认为，纵观整个人类历史，压力一直是身体感染风险增加的信号。我们的免疫系统消耗了身体15%至20%的能量，它非常耗能，不可能一直处于亢奋状态。身体必须选择合适的时机换挡，而压力就像闹铃一样起着提示作用。雷森认为，身体将压力解释为感染风险增加的信号，是因为在大部分历史时期中，压力的确传递着这样的信息，因而免疫系统会随之提高活动强度。这种机制不仅仅适用于热带和亚热带草原的人们，也适用于今天的你我 —— 毕竟，我们的身体也是按照狩猎采集者的模式设计的。

❋ 来自地狱的工作面试

有一个有趣的测试证明了社会压力和免疫系统之间的联系。想象一下，你正在参加一个工作面试，你进入房间，发现两男一女穿着白大褂坐在对面。他们看起来很严肃，很有威慑力，也不和你打招呼。他们要求你马上开始，你犹豫不决地讲述了以前的工作经验以及为什么自认为能很好地胜任这个角色。你强迫自己挤出一个迷人的微笑，试图缓和气氛，但他们只是茫然地盯着你。当你短暂停顿以寻找合适的词语时，其中一个男人傲慢地问道："你在面试中总是这样结结巴巴吗？"

一旦你汗流浃背地通过了面试，就到了做测试的环节。傲慢的面试官要求你尽可能快地从1022开始倒数，每次间隔13个数字。"1022，1009……"你需要思考几秒钟才能说："996。"三人带着嘲弄的笑容互相看了看。

这个来自地狱的工作面试是特里尔社会压力测试（TSST）的一部分，该测试用于研究人类如何应对社会评价。参与者被告知，他们正在进行模拟工作面试，其过程会被拍摄下来，然后由行为科学家进行评估。面试官被要求表现得不屑一顾，并以面无表情的方式回应面试者。

大多数参与者会感到不适、脉搏加快和出汗，这是很自然的事情。特里尔社会压力测试耐人寻味的方面在于，一些参与者的血液测试表明他们的白细胞介素IL-6的水平有所增加。这种物质在免疫系统中起着关键作用，当我们受到感染时，它会因刺激引起发烧。但是，为什么IL-6的水平会在求职面试期间增加？参与者并未面临从傲慢的面试官那里感染病毒或细菌的风险，免疫系统为什么要行动起来对抗对自尊心的威胁？

如果我们回忆本章之前所讨论的内容，这个谜团就有了答案。参与者在求职面试期间经历的压力使身体认为我们受伤的风险增加，是因为这就是压力在历史上代表的含义。身体随之开始做准备。随着受伤风险增加，感染的风险会增加，免疫系统也会提高一个挡位。这让我们对压力与抑郁症关系的理解又提高了一个层次。

❄ 病毒的盛宴

祖先在感染中幸存下来，简直是一个奇迹。事实上，在与病毒和细菌的对决中我们注定是要输的。病毒的唯一目的是尽可能多地创造自己的副本。从生物学角度来看，病毒只是一段遗传代码，它能否符合"活着"的定义甚至都成问题。由于它缺乏自我复制所需的机制，唯一的繁衍方法就是入侵另一个生物体，并诱使它制造这些副本。然后，该生物体将把这些副本传播给其他人，这些人又可以生产和传播更多的副本，如此往复。

从病毒的角度来看，很难想到有比人类更好的入侵对象了。毕竟，我们彼此之间生活在一起，具有极强的社会性，并且在世界各地旅行。更重要的是，我们两代人之间的间隔至少有 20 年。而病毒的只有几天，这意味着它们的更新速度大约是我们的 1 万倍。因此，它们不断地变异，以新的面貌出现，这使它们的适应能力比我们强得多。

换句话说，人类的身体是病毒和细菌的"盛宴"。曾有半数儿童死于感染并不奇怪，奇怪的是，我们并没有全部屈服。在抗生素、疫苗和现代医疗保健出现之前，我们有什么资源来对抗感染？最明显的防御是人类出色的免疫系统，它能记住以前的感染，并在再次感染时迅速启动。我们的免疫系统是如此巧妙，其复杂性仅次于大脑。和大脑一样，我们对免疫系统的了解才刚刚开始，我们仍在不断发现它新的巧妙功能。我个人最欣赏免疫系统的一点是，只要看到有人咳嗽，免疫系统就会自行启动。

此外，我们对变质的食物有强烈的反射性反感，大脑通过这样的方式，让我们避免食用可能使人患病的食物。闻到一丝变质牛奶或腐烂的鱼的味道而不试图避开？这几乎是不可能的。我们的免疫系统在看到别人咳嗽时就会启动，仅仅闻到变质食物的味道，人就会后退，避免摄入细菌和病毒总是比在体内处理它们要好，而且，许多研究人员认为，这种延伸出的免疫防御也影响着人类的行为。具体怎么做呢？——通过感受。

当我们感到沮丧时，会退缩，把自己隔离起来，用被子蒙住头。一些研究人员认为，感觉抑郁可能是大脑帮助我们避免感染的方式，或者说在储存能量来治疗感染。

总之，当我们想到免疫系统时，通常会想到抗体、B细胞和T细胞，实际上这只是它的一个方面。另一个方面则是人类的行为，通过这种行为，大脑产生感受，使我们在面临感染风险时退缩。因为身体仍然认为我们生活在大草原上，所以会将压力解释为感染风险增加，它将持续的、长期的压力视为迫在眉睫的、长存的伤害和感染威胁。为了应对这种威胁，大脑使我们退缩和静止，换句话说，就是抑郁。说到这里，你也许会想，这个理论似乎足够合理，但要怎么验证呢？那么，就让我们进一步来看研究。

❂ 炎症和不适感

人们曾经认为，大脑和免疫系统是完全分开的，后者永远不可能影响大脑。一个伤口如果发生感染，就会形成一组被称为细胞因子的蛋白质，这些蛋白质确保免疫系统开始与感染战斗。但是这些细胞因子也有另一个重要的作用，那就是向身体的其他部分发出信号，告诉它们有感染存在。直到21世纪初，医学教科书声称，细胞因子可以向身体的每一个器官发出"感染啦"的信号，但有一个关键的部位例外，它就是大脑。人们认为，由于与免疫系统脱节，这些信号实际上无法到达大脑。这一说法最终被医学研究证明是错误的。从医学上讲，该发现引起了轰动，它引发了精神病学研究的广泛讨论，研究人员试图确定体内的炎症是否会影响我们的感受和行为。

首次测试是在小白鼠身上进行的，注射了细胞因子后，它们表现出了退缩，以及在人类中可以被理解为抑郁的行为。随后研究人员对人类进行了测试，结果相同：注射后，被注射者感到沮丧和不适。

另一个线索来自正在接受丙型肝炎治疗的病人。20世纪90年代，一种新的、非常成功的丙型肝炎治疗方法得到开发，病人会被注射一种物质，它由白细胞在病毒感染期间产生。值得思考的是，这些病人中约有1/3变得抑郁，虽然最后成功治疗了对生命有威胁的疾病，但病人感到的不是解脱，而是沮丧。在治疗后，这种状态往往会消失。在一些接种过伤寒疫苗的人身上也观察到了类似的现象。在很短的时间内，往往是在接种疫苗后的几个小时里，他们感到精神不振。

总之，到 21 世纪初，一些迹象表明免疫系统和大脑之间存在着联系。与研究人员以前的看法相反，大脑和免疫系统似乎根本不是分开的，反而存在着错综复杂的联系。免疫系统的活动有可能影响心理健康，而这种免疫活动的增加似乎是抑郁症的一个成因。当发现脑脊液（一种环绕大脑和脊髓的液体）中的促炎症细胞因子水平在抑郁症患者中更高时，这种怀疑得到了进一步佐证。

✪ 压力测试的发现

每当出现热门的医学研究新发现时，总是存在着期望值被夸大的风险。人们在具有数千名被试的大型研究中反复测试"一个惊人的发现"，却没有得出先前的结果，这种情况并不罕见。在 21 世纪初，对免疫系统和抑郁症之间联系的研究从小型的、有前景的实验跃升为主要研究。而这一次，希望没有破灭。

丹麦研究人员分析了 7.3 万人的数据，他们发现那些具有较轻的抑郁症、疲劳和低自尊症状的人往往有较高的 C 反应蛋白（CRP）水平，该蛋白为一种炎症的标志物。C 反应蛋白水平越高，症状就越多。研究还显示，C 反应蛋白水平高的人更有可能因抑郁症入院，并被开具抗抑郁药物。

此外，研究人员发现，抑郁症患者的体温似乎略有升高，即低烧。这可能是抵御感染的一种方式，因为发烧的主要功能是阻碍细菌和病毒在体内繁殖。

抑郁症和免疫系统联系的最后一块关键拼图来自遗传学。我在本章的开头说过，抑郁症基因不存在，但很多不同的基因会促使抑郁症形成。事实上，在一项关键的研究中，人们发现了 44 个不同的基因可能与抑郁症有关，其中有许多影响到大脑和神经系统，这并不令人惊讶。人们往往能想到影响抑郁症风险的基因会影响大脑，但其中有几个也会影响免疫系统。它们会增加患抑郁症的风险，同时也使我们的免疫系统开始行动。

✷ 现代生活操纵了防御机制

要想了解免疫系统和抑郁症的关联为何如此重要，我们必须剖析两个经常被混淆的概念，它们就是感染和炎症。

感染是指身体接触到病原体（如细菌或病毒）。炎症则是身体对几乎所有刺激——从压力、伤口、毒素到细菌、病毒——攻击的反应。炎症可能是由感染引起的，但也可能不是。把手臂抓出红印——炎症；在切面包时划伤手指——炎症；胰腺渗漏的消化液进入腹腔，威胁生命——炎症。

炎症无论发生在身体的哪个部位，都会引发以下情况：受组织损伤、压力、细菌或病毒影响的细胞会以细胞因子的形式发出求救信号。这增加了受影响区域的血流量，从而使白细胞能够到达并击退一切入侵者。增加的血流量引发肿胀，对神经造成压力，使人感到该区域疼痛。由于炎症是许多疾病的核心组成部分，我们很容易误认为没有炎症会更好。然而事实就是，没有炎症，我们根本无法生存。但就像生活中的大多数事情一样，好东西不能持续太久，炎症持续一段时间也会导致问题，心脏病发作、中风、风湿病、糖尿病、帕金森病和阿尔茨海默病便是长期炎症可能会导致的几个后果。

换句话说，长期慢性炎症为一系列严重疾病埋下了隐患。无论炎症发生在身体的哪个部位，其过程都是相同的——细胞因子使流向发炎区域的血液量增加。如此一来，问题也浮出水面：为什么人类体内存在这样一个有可能危害多个不同器官的"阿喀琉斯之踵"？进化的过程是否存在错误？答案远非如此。炎症的存在是为了保护我们，避开祖先年轻时面临的威胁，如致命的细菌和病毒感染。由长期炎症引起的疾病往往在生命末期发作，而且，正如你现在所知，人类已经发展到能从祖先年轻时遭遇的致死病中生存下来的程度。从进化的平衡上来说，炎症保护人类在年轻时免于细菌和病毒侵害，其价值远超它日后带来的疾病威胁，而历史上大多数人都活得不够久，未曾老到患上那些疾病。

不过，还有更重要的一点，炎症的诱因已经发生变化。在人类历史的大部分时间中，炎症主要是由细菌和病毒感染以及外伤引起的，但现如今人类生活方式中的许多因素也会导致炎症出现。例如长时间坐着会导致肌肉和脂肪组织的炎症，长期的压力（超过几个月或几年，而非几天或几周）会提高整个身体的炎症水平，睡眠的缺乏和环境中的毒素也会加剧炎症。此外，我们还面临着加工食品导致的胃和肠道炎症，肥胖导致的脂肪组织炎症，吸烟导致的肺和呼吸道炎症。

历史上引起炎症的细菌、病毒和伤口往往是暂时的折磨，而今天的病因，也就是久坐的生活方式、肥胖、压力、垃圾食品、吸烟和环境中的毒素往往会持续很长时间。这使得过去短暂的发炎过程演变为今天漫长的发炎状态，而违背了它的初衷。如果身体能够确定炎症的成因，从而使免疫系统免于不必要的行动，那么问题就烟消云散了。但难就难在，身体似乎将所有形式的炎症混为一谈，把生活方式的变化误认为病毒和细菌的攻击。

就像身体不能确定炎症是由感染还是生活方式引起的一样，大脑也无法确定。现在炎症向大脑发出的信号与受到病毒和细菌攻击时的相同，该信号长时间存在，大脑就会认定：我的处境十分危险，且不断受到攻击！大脑随之做出反应，将情绪调低一个挡位，使我们退缩，在心理上保持静止状态。

因为现代炎症的病因不会轻易消失，所以这种情况会持续很久，结果就导致人类长期的精神萎靡，对你我而言便是抑郁症。因此，抑郁症也是炎症会引起的疾病之一。

✺ 如今炎症的主要来源

让我们仔细研究当下两个主要的炎症来源：长期压力和肥胖症。身体的主要压力激素皮质醇会调动能量。当一只愤怒的狗向你吠叫时，你的皮质醇水平会激增，给你的肌肉提供所需的能量，以便转身逃跑。但是一旦危险过去了，皮质醇还有另一个作用，那就是抑制炎症。

换句话说，皮质醇控制着"炎症应该被叫停"的时刻。当我们暴露在长期压力下时，血液中将源源不断地出现高水平的皮质醇，而身体最终也会习惯于这样的水平。这就像狼来了太多次，最后没人在乎一样，身体不再对皮质醇做出反应，从而失去了抑制炎症的能力。为什么这一点很重要？因为频繁出现的轻微炎症，比如说皮肤上的小伤口、轻微的肌肉拉伤、血管的损伤，是完全正常的。皮质醇通常会确保这些炎症被控制住，但如果身体停止对皮质醇做出反应，那么事态就会进一步发酵，体内的炎症也会恶化。这就是身体在长期压力下的状况。但我们不能妄下结论，说所有的压力都是危险的，相反，压力对我们的生存至关重要。所以我们只能说，身体不应让压力系统始终保持紧张状态，因为那样会对皮质醇失去响应，进而加剧体内炎症。

关于应对之道，关键词是休息，此处就涉及关闭压力系统的生物机制。只要有时间休息，我们大多数人都能很好地应对压力，而具体需要多少时间是因人而异的事。有一个经验法则是，如果工作量不大，我们在两班之间休息16个小时通常是足够的。当工作量较大时，就需要更多的休息时间，如周末和偶尔的小长假。恢复的关键是要优先考虑睡眠、休息和解压，并尽量减少其他"必做的事情"。

与长期压力一样，肥胖也极易造成炎症。我们的脂肪组织不是一种被动的能量储备，它会释放激活免疫系统的细胞因子，向身体的其他部分发出信号。人们可能会想，为什么身体会调动免疫系统来对付自身的能量储备，这简直就是视自己为威胁。虽然没有明确的答案，但有一种可能的解释是，因为历史中几乎没有人身患肥胖症。因而，身体将腹部的赘肉解读为外来物，并试图用炎症来对抗腰部周围"入侵"的脂肪。

肥胖会增加抑郁风险，这可能与超重产生的耻辱感有关，但也可能因为脂肪组织的炎症增加了抑郁症的风险。

*

总而言之，你我在进化层面上还处于狩猎采集者阶段，而久坐的现代生活方式和持续的压力使得体内产生了高水平的炎症，随之被大脑认定为威胁。结果就是，大脑认为我们受到了持续的攻击，试图通过调整人体感受，达到使我们退缩的目的。因为感受是用来指导行为的，所以大脑控制我们的精神状态，让人感到沮丧和不适，终止人的行动。换言之，炎症可以视为我们感受的衡量器——炎症越多，感受越差。而对一部分人来说，这个恒温器似乎特别敏感，原因在于我们的基因增加了人们对抑郁症的易感性。

这是否意味着每个患有抑郁症的人体内都有炎症？并非如此。炎症是导致抑郁症的几个主要原因之一，但不是唯一原因。大约有 1/3 的抑郁症是由炎症引起的，那么，你可能会想，消炎药肯定可以帮助治疗抑郁症吧？的确有很多这样的说法。阻断炎症细胞因子形成的药物在治疗抑郁症方面确实有一些成效，但还不足以单独发挥作用。不过只要抑郁症是基于炎症的，这类药物确实能增强其他抗抑郁药物的疗效。如果不存在炎症，其效果便是可以忽略不计的。

✪ 开阔的视野

几乎所有病人都想知道是什么原因导致自己患上了抑郁症。大多数人怀疑是社会因素，也就是与他人的关系，或者在工作中和学校里遇到的事情。若是站在这个角度，便很难理解这种病。但正如我在本章所描述的，我们还应该从生理学的角度，从人类与细菌和病毒的关系来看待抑郁症，不应忽视细菌和病毒对我们构成的威胁，且应该意识到在人类历史中 99.9% 的时间里，它们夺去了其他所有人的性命。因此，抑郁症的症状可能是一种潜意识下的防御机制，它确实曾把人类从一系列的感染中拯救出来。但在现代社会中，生活方式所带来的诱因使这种防御机制陷入一种超负荷的状态。

我从抑郁症的生物学视角中学到了很多，站在生物学角度看，抑郁症并不比肺炎或糖尿病更奇怪。无论是肺炎、糖尿病还是抑郁症，都与性格无关，因此，叽叽喳喳地鼓励抑郁症患者"振作起来"，就像对肺炎或糖尿病患者说"振作起来"一样荒谬。同样，就像人们会因患肺炎或糖尿病而寻求医疗帮助一样，患抑郁症的人也需要去看医生。

当然，对抑郁症背后的生物学知识以及发生的原因有更多了解，并不意味着可以自然而然地攻克它们，但这至少让我们看到了黎明的曙光。了解免疫系统是如何影响大脑和感受的，我们就能更加认真地对待那些老生常谈的建议，进而保持良好的生活习惯。大家都知道，如果锻炼身体，获得足够的睡眠，并努力减少不可预测的长期压力，心情就会更好。当我们认识到这些建议蕴含着生物学逻辑时，它也就被赋予了更深远的意义。当我们了解到运动、睡眠、减压和休息都是为了减少炎症，反过来又能防止大脑接收到虚报的攻击信号时，就更有可能优先采纳这些建议。然而，这并不意味着所有对抗炎症的东西，如某些食物，都对治疗抑郁症有效。事情并没有那么简单。

知道这些也有助于我们理解，为什么工作中全天候不可预测的压力会导致抑郁。对这种情况做出冷漠或退缩的反应并不是病态的表现，而是一种健康的对策。在这种情况下，最好的解决办法通常是改变这种工作环境。当然，我也知道这一点说起来容易做起来难，但重点是，我们要意识到，大脑对不正常情况做出不正常反应是正常的，而不是生病的表现。

在上一章中，我提到从大脑的角度来看待焦虑有重要意义，因为这使人不那么容易感到崩溃。抑郁症也是如此，当站在大脑的角度来看时，我们不仅不会觉得自己是"残次品"，还会意识到抑郁症是短暂的，因为所有的感受都会过去。在感到自己的生活正在坠入深不可测的黑暗时，请提醒自己，我们不过是生物学意义上的人，放平心态，一切终会过去的，现在或许还没有好起来，可那不过是因为身体的构造方式罢了。你并不孤单，你与至少 2.8 亿人在一起。

但是，我有必要再重复一下，不是所有的抑郁症都可以用压力和炎症来解释。防御细菌和病毒以外的因素也可能引发抑郁症，接下来就让我们来看看其中的一个因素。

✺ 持续 6 个月的摇摆不定

在 24 岁的时候，我决定转变我的人生。我那时差不多已经从斯德哥尔摩经济学院的经济学专业毕业，并在投资银行和咨询公司进行了暑期实习。但与此同时，我也在纠结这是不是自己真正的人生目标。这个问题在我进入大学的第一天就已萌生，并随着时间的推移而发酵，现在我已经无法坐视不理。

我感到目前规划的未来缺少了灵魂。我想完成的每件事——每一个挑战，每一个成就都可归结为一件事：钱。在我所处的职业世界里，一切最终都将归结于金钱。我真的想这样过我的一生吗？或者我应该放弃一切，重新开始？

我现在可以看出，这个问题很奢侈。我犹豫着是否要拒绝一

在感到自己的生活正在坠入
深不可测的黑暗时，
请提醒自己，
我们不过是生物学意义上的人，
放平心态，一切终会过去的，
现在或许还没有好起来，
可那不过是因为身体的
构造方式罢了。

个可贵的机会,这不算什么危机事件,就算决定改变也是很容易的,不过就是更改学位课程,况且我还那么年轻。但在我病态的好胜心里,24岁已经到退休年龄的一半了。当时,我觉得在生命中如此"晚"的时候改变人生轨道是一件大事,这意味着白费了4年的时间,我不能就这样轻率地决定。

一整个冬天和春天,我都很退缩。我不眠不休,脑子里翻来覆去地思考这个问题。仔细琢磨,做出决定,然后改变主意。又改回来,再改回去。我感到很沮丧,没有动力,除了思考,我很难集中精力做任何事情。一年后,我踏入了卡罗林斯卡医学院的大礼堂,开始读医。现在回想起来,这是我所做过的最重要的决定之一,我经常想,是不是那段低落的时期让我做出了最终的决定。

作为一名精神病学家,我观察到,许多有心理问题的病人也在为重大的决定而苦恼。他们很少表达出来,但如果问出这个问题,往往就能击中要害。一位女士告诉我,她正在考虑离开她的伴侣。一个男人正在考虑改行,辞去他已经做了很久的工作。另一位病人多年来一直在申请就读戏剧学校,在多次尝试失败后,他在考虑是否永远放弃表演梦。每次遇到这样的病人,我都能想到24岁时犹豫不决的自己。他们把这个问题在脑子里转了又转,仔细思考,做出决定,然后改变主意,循环往复,感到沮丧。令我震惊的是,他们中的大多数都生活得很顺利,就像我一样。

像我一样,他们中的许多人都觉得,无论有多不愉快,这段思前想后、摇摆不定的时期对做出重大决定而言是必不可少的,好像所有事情都必须经历情绪考验一样。毕竟,生活是由一长串决定组成的，在大多数情况下，大脑的自动驾驶功能确实运行得非常好，但有些决定是不能随便做的。在面对改变生活的决定时，我们的大脑是否会以不同的方式工作？抑郁症是否可能是大脑设置的一个"免打扰"模式，以便我们把所有的精力投入到重要的问题上？

自然，我的个人经验还远不足以说明问题，所以让我们再看看研究吧。有趣的是，有一些研究的确探讨了感受影响心理的方式。在一项研究中，研究人员给孩子们播放视频片段，其中有让他们感到欢快或悲伤的音乐。之后，研究人员要求他们做一个心理测试，比如快速在一个图形中找到一个图案，题目都很考察对细节的关注。就我个人而言，我本以为快乐的孩子会表现得更好，但事实正好相反，快乐的孩子实际上比悲伤的孩子表现得更糟。对此，有一种解释是，当我们感觉良好时，就不会再去寻找缺陷了，既然没有问题，为什么还要去寻找问题？当我们感觉良好时，就存在一种倾向，即以牺牲细节为代价来处理总体的信息。有趣的是，当我们感觉良好时，似乎更容易被欺骗——也许是因为我们不会用挑剔的眼光来分析细节。然而，当我们情绪低落时，会做相反的事情，也就是处理信息时关注细节，倾向于寻找缺陷。

当然，由音乐引起的愉快或沮丧的精神状态与快乐或沮丧不是一回事，但这些研究仍然揭示了一些有趣的东西：感受似乎与心智能力相伴而行。当然，我们在不同的时候需要不同的能力，有时可能需要批判性的、细致的解决问题的能力，也就是停下来，放大威胁和挑战并思考问题，当我们这样做时，就更有可能感到沮丧。除此以外，我们最好去观察总体情况，以前瞻性和开放性面对风险,在这些时候,就会感觉更舒畅。

在分析一个会给生活带来改变的问题时,这种退缩可能是大脑的策略,术语为分析性反刍假说。我永远不会知道,我在大约 20 年前的那个冬春所经历的是否如此。我并不认为无精打采的忧郁总对我们有好处,相反,它往往是具有破坏性的,甚至会使我们丧失做出抉择的能力。但这种与抑郁症并存的心理能力是可能带来些好处的,就像忍着疼痛,我们也要穿上高跟鞋一样。

你是否觉得这听起来很牵强?如果是,请回忆一段让你感到沮丧或退缩的人生阶段,那段时间是否最终指引你找到了自己的价值?或许你终于对一个长期困扰自己的问题下定决心,只要你从中学到了什么,便不会忘记那段经历。也许你有过这样的经历,也许没有。"可能带来些好处"并不意味着总能带来好处。

因此,大脑可能在完全健康的情况下,使你的情绪低落到会产生抑郁症的程度,这与压力或对细菌和病毒的原始防御没有丝毫关系。也就是说,有关大脑的大多数事情都很复杂,当涉及抑郁症时,其复杂性尤其鲜明。通常情况下,我们很难对某人为什么会抑郁给出一个明确的答案。现实并不是非黑即白的,它具有无尽的灰色调。我们不能说所有的抑郁症都为某一目的服务,或说它因炎症或面对重大决定而起。然而,对这个以社会心理压力为开始,以不可控的生物防御机制为终结的灰色谱系来说,生物学的重要性往往被低估了。即使大多数抑郁症包含无目的的功能失调,有时也会导致退缩,但它仍为我们预留了空间,让我们能做出改变生活的决定。

认为焦虑和抑郁的存在意味着大脑坏了或生病了,就等同于忘记了大脑的主要目的是生存,而不是幸福。当然,这并不会改变抑郁症和焦虑症可以使人丧失能力、崩溃乃至死亡的事实。在后文中,我们将仔细探究从大脑的角度治疗和预防抑郁症和焦虑症的关键。读到这里,想必你也许会有所联想。从历史上看,人类的"衰颓"是孤独。

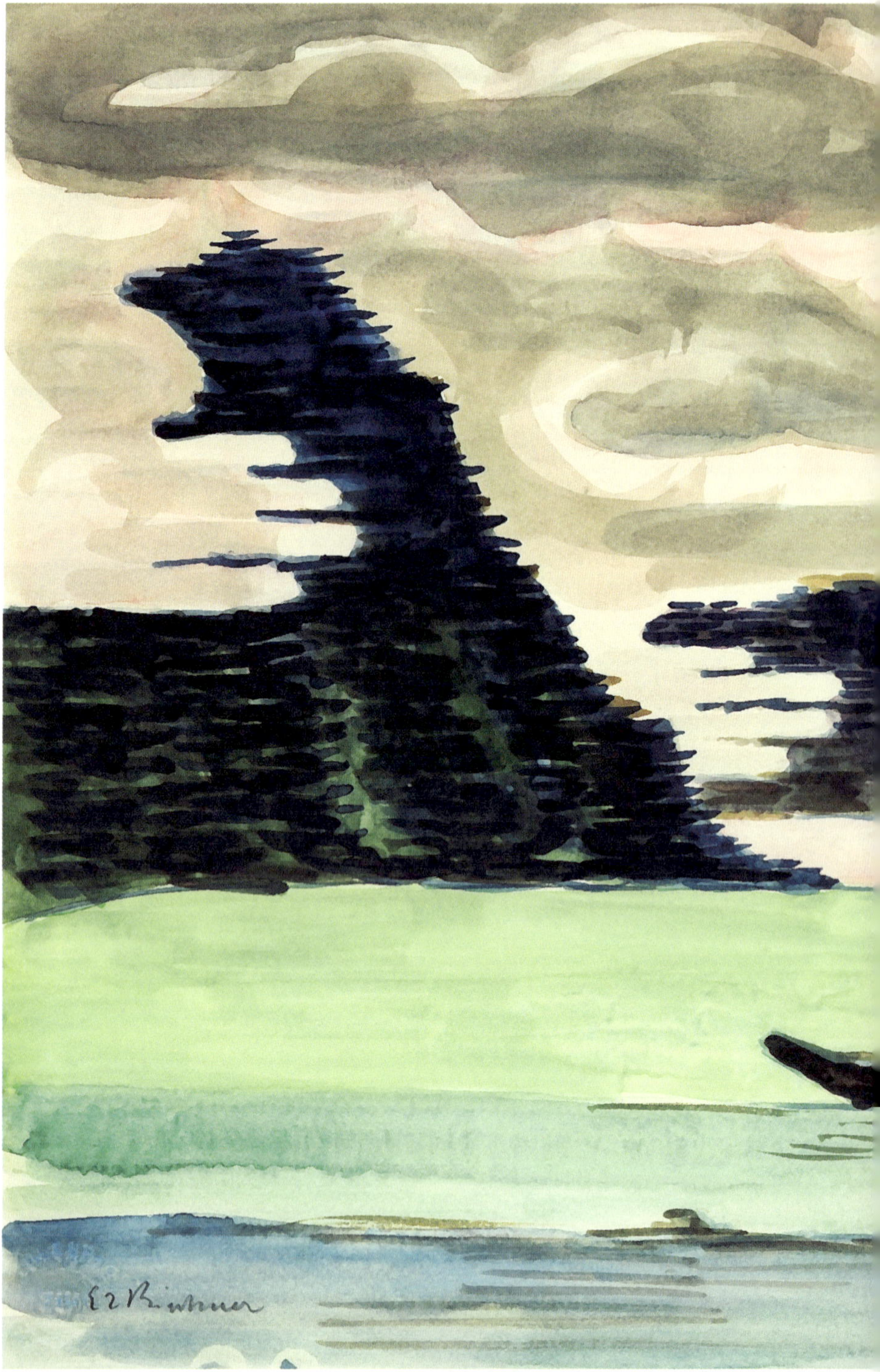

5. 孤 独

灵魂在空虚面前颤抖，
不惜一切代价寻求触碰。

——《格拉斯医生》(*Doktor Glas*)，
雅尔玛尔·瑟德尔贝里（Hjalmar Söderberg）著

请设想一种医学问题，它使 1/3 以上的人受到影响，使 1/12 的人患上疾病，其危险性相当于每天抽一包烟。此刻我要告诉你，它并非存在于幻想中，其名为"孤独"。近几十年来一项最出人意料的医学发现是，朋友和亲戚不仅使我们的生活更充实，也使我们生活得更长久、更健康。但相当消极的一面是，亲情的缺失会使健康受到威胁。在本章中，我们将仔细研究孤独会如何影响我们，其对大脑和身体的影响为何如此之大，以及我们可以为此做些什么。

但在进一步讨论之前，我们恐怕要搞清楚到底什么是孤独。在医学上，它有一个异常枯燥的定义，"社会互动的理想水平与实际水平之间存在的令人担忧的差距"。此定义强调了一个重要的观点：孤独是我们有多少社会互动与我们希望有多少社会互动之间的差异。由于社交需求不同，孤独感无法用我们的脸谱网好友、晚餐请柬、圣诞贺卡或来电的数量来量化。就我个人而言，我乐于陪伴自己，不需要那么多人围着我，而我的一些朋友则不然，如果不得不自己独处几个小时，他们会感到恐慌。因此，孤独是主观的，而且它与独处不是一回事。即使独处，我们也能感受到与他人那强烈的亲近感；即使周围有很多人，我们也有可能感到孤立无援。简言之：无论你的社会生活状况如何，如果你感到孤独，你就是孤独的，反之，则不孤独。

你也可能会担忧孤独缩短自身的寿命，我可以向你保证，要达到那样的效果，需要成年累月——几个月或几年——的影响。在短时间内感到孤独是无害的，同时也是无法避免的。孤独对我们来说是生物学上的一个自然组成部分，每个人都会时不时地体验到，期望永远不会感到孤独，就像期望永远不会感到焦虑一样，是不现实的。

✻ 孤独和抑郁症

孤独会增加患抑郁症的风险，这一点并不奇怪，但大多数人并没有意识到抑郁症和孤独的关系到底有多密切。根据研究，抑郁症患者感到孤独的可能性比一般人高10倍。刚成为精神科医生几个月，我便感到十分震惊，许多病人，无论是青年人、中年人还是老年人，都会感到孤独和寂寞，也有些人的孤独持续了很长一段时间。对大多数人来说，孤独感似乎与抑郁症相吻合。这让我试图探究，抑郁症是否为孤独的副产品，或者我们退缩和自我隔离的原因？那么，抑郁症和孤独，到底哪个是鸡哪个是蛋呢？

澳大利亚的科研人员对超过5000名平均年龄为50岁的人展开了研究。参与者被问及一系列关于感受和参与的社会团体数量的问题。其中，团体的性质可能是非营利性的、政治性的或宗教性的协会,也可能只是同好会;团体的具体形式有读书会、合唱团、烹饪小组、手工小组、体育俱乐部、教区团体、养犬俱乐部、桥牌俱乐部和五人足球队。

两年后,研究人员进行随访。结果表明,一些人在第一次调查中表现出抑郁倾向,在第二次调查中却没有,他们之中有很大比例的人在这两年里参与了一个或多个社会团体。因此,参与社会团体与更高的康复概率之间很可能存在关联。这表明,孤独感往往会(但并非总会)导致抑郁症。在这种情况下,如果孤独感被打破,抑郁症就更有可能消失。

这项研究的有趣之处在于,社会团体对孤独感之减少的影响显著,且其效果随参与团体数量的增加而增强。参与一个社会团体的人患抑郁症的风险降低了24%,而对于参与三个团体的人来说,这一数字为63%。有了这样的数据,人们可能会猜测离群索居和孤独是如今抑郁症的重要成因。事实上,的确有很多迹象表明情况确实如此。一项为期12年,样本数量为4200人的跟踪调查显示,对50岁以上的群体而言,几乎有20%的抑郁症源于孤独。研究人员认为,每5个患有抑郁症的人中,就有1个是因孤独而抑郁的。

❂ 一项令人惊讶的发现

然而,受孤独影响的并非大脑一个,身体也是如此。一组研究人员决定探究为什么某些患有心脏病的人能够活下来,而其他人不能。他们跟踪了逾1.3万名遭遇过心脏病发作,或患有心律失常、心脏衰竭、心脏瓣膜疾病的人。参与者必须告知自己是否吸烟或饮酒,家族有哪些遗传病以及一般健康状况,他们还被问到了一些意想不到的问题,涉及是否经常感到孤独,以及如果他们有需求,是否有人可以倾诉。

研究人员在几年后进行跟踪调查时,发现热衷吸烟和酗酒的心脏病患者面临着更高的死亡风险,但是那些感到孤独的人也是如此。无论患有何种类型的心脏病,感到孤独的人的死亡风险几乎都是同等条件下不孤独的人的2倍。这是因为孤独的人往往过着不健康的生活吗?毕竟,孤独的人身边往往没有人催促他们去锻炼,帮他们熄灭香烟或劝阻他们吃垃圾食品。为了探究这一点,研究人员剔除了运动、吸烟和食物因素,结果发现孤独仍是导致早逝的一个因素,似乎它本身就很危险。

另外一项针对近3000名患有乳腺癌的妇女的调查得出了同样的结果。在孤独和离群索居的人中,因癌症去世者更多。将涉及30多万参与者的148项研究的数据合并整理后,人们发现朋友和社会支持与降低中风或心脏病发作后的死亡风险关系密切,其效果与戒烟和定期锻炼等众所周知的重要预防因素相当。换句话说,在西方世界最常见的死亡原因(心脏病发作)和第四常见死亡原因(中风)上,孤独对死亡风险的提升甚至能与吸烟相提并论。鉴于刚才提到的发现,一些研究人员得出的结论是,孤独的危险性不亚于每天抽15支烟。我第一次读到这句话时,感到很震惊。我想知道孤独怎么可能如此危险。

❁ 孤独——战斗或逃跑

如我们所知,大脑在众多神经的帮助下指挥着身体的各个器官。大部分活动都不在我们的控制范围内，你不必考虑你的大脑、肠道或肝脏如何完成它们的工作。现在让我们再回顾一下这些知识：神经系统的无意识部分，即自主神经系统，由两部分组成——交感和副交感神经系统。交感神经系统与我们的战斗或逃跑反应有关，在我们感到害怕、愤怒或紧张时会被激活。这使我们的脉搏和血压上升，血液进而被输送到我们的肌肉，以便采取行动，即发动进攻或逃跑。

相对的，我们有副交感神经系统，它与消化和平静有关，并在我们慢慢呼气时被激活。副交感神经系统会降低我们的脉搏，并将血液送到胃和肠道以消化食物。自主神经系统的两个部分都在体内活动着，具体谁占主导地位视情况而定。当你赶公共汽车或因一个重要的演讲而紧张时，主要发挥作用的是交感神经系统。一旦演讲结束，你坐下来吃午饭，副交感神经系统就会占据主导地位。

假设孤独会激活副交感神经系统，也并不算捕风捉影。毕竟，一个孤独的人有时间放松，不需要对抗或逃离什么。但惊人的是，事实恰恰相反——孤独会激活交感神经系统，它与战斗或逃跑反应而非平静或消化有关。长期的孤独促使身体准备好战斗或逃跑，这只是与孤独有关的众多矛盾发现之一。人们还发现：在感到孤独时，我们会认为周围的环境和他人更具威胁性，对他人的面部表情更加敏感，并以不同的方式解读表情。中立的表情看起来带点威胁性，而略带冷漠的面孔则让人感受到十足的敌意。

大脑对他人负面态度的蛛丝马迹过度敏感，意味着我们认定周围的人在与自己竞争，而非提供帮助，熟人开始变得像陌生人。简言之，当我们感到孤独时，世界都变得不那么友善，而是充满了威胁性。

✲ 数量优势

我们无法说清楚为什么身体会这样工作，但是，我们可以像之前那样，把目光投向过去，来寻找一个可能的解释。在有史以来99.9%的时间里，人类休戚与共。只有少数人在大自然的所有危险和灾难中幸存下来，他们就是我们的祖先。

此刻你能有机会阅读这本书，就是因为他们当初团结一致、相互保护。团结意味着生存，那些在创造和维持社会关系上有较强冲动的人更可能渡过难关。作为幸存者的后代，你我都继承了这种根深蒂固的创造和维持社会关系的本能。换句话说，大脑将幸福的生活当作团结合作的奖励，对我们自身而言，它增加了人类生存的机会。令孤独引发不适感，是大脑告知我们需要解决社会需求的一种方式。当我们孤独时，大脑便认定死亡风险会增加，这也是孤独在几乎整个人类历史上都会造成的后果。

这种观点让我们更容易理解，为何孤独与战斗或逃跑反应而非平静或消化相关。在大脑看来，如果感到孤独，则意味着没人提供帮助，需要警惕危险。我们因而陷入持续的警觉状态，身体处于低水平的长期压力下，交感神经系统占据主导地位，长期的压力反过来又使血压和炎症水平提升。若问起孤独为何会令心血管疾病和更多疾病恶化，这是一种可能且合理的解释。

因此，孤独意味着大脑增强了警觉性，周围的环境看起来比实际更有威胁性。它可能确实在历史上拯救过人类的生命，但对现在的你我来说，是弊大于利的。如果一直草木皆兵，社交生活就很难得到改善，还可能给人留下傲慢和不友好的印象。同样，过度揣测别人的意图会使自己离群索居——"他们可能不是真心想让我来参加聚会，不如不去"。最后，一个恶性循环便会形成，人变得越来越孤僻，看待周围世界的眼光也越来越消极——"他们肯定不希望我去""他们邀请我只是因为他们感觉不好意思或想从我这里得到什么""我不可能去的"。

如果这还不足以令你信服，不妨听听这个：研究表明，当我们长期处于孤独状态时，睡眠会变得更加零散，虽然睡眠时长并没有减少，但人会睡得更浅，而且会频繁醒来。读者可能会好奇，为什么孤独会导致睡眠质量下降，为什么没有人在身边辗转反侧，我们反而更容易频频惊醒？回顾历史，我们或许能找到很好的解释，如果独自睡觉，就没有人提醒你注意危险，人因而睡得很浅，一有动静就会惊醒，这对生存和安全来说很必要。

✪ 比事故更糟糕

在一项人格测试中，研究人员发现大脑将孤独视为危险，这点也得到了证实。在测试过程中，有一些参与者无论如何回答，都会被告知，他们的人格特质令他们极有可能孤独终老；也有一些被告知，他们的人格特质令他们极有可能遭遇事故；还有一些被告知，他们的人格特质预示着优秀的前景、丰富的社会生活与友谊，而且没有其他任何附带风险。在测试结果出来后，参与者立即参加了评估其智商、注意力和记忆力的心理测试。比起被告知将过上社交丰富、无事故的生活的人，那些被告知具有孤独风险的人在测试中的表现更差。这结果当然不令人惊讶。如果我们听到自己有可能孤独终老,大脑会立即开始分析如何避免被孤立——"我怎么做才能避免被组织孤立?"如此一来,我们的注意力会动摇,在心理测试中的表现也会更差。那些被告知有可能遭遇事故的人也是如此,他们在测试中的表现也更差,这并不稀奇。如果你发现自己有遭遇事故的风险,大脑会立即开始分析它可以做些什么来避免惨剧发生。你的注意力有所动摇,这会通过较差的测试结果反映出来。

有趣的是,比起遭遇事故,被告知人格特质会令自己孤独终老的人的测试成绩更差。从大脑的角度来看,未来的孤独感似乎比事故更能构成威胁。孤独是大脑尽其所能在避免的一种状况,其重要性甚至比事故更高。对此,不妨回想一下我们平时有多在意有关社交排斥的潜在信号——"为什么她没有打电话给我?""为什么我没有收到婚礼请柬?""他们发布了一张野餐的照片,但为什么之前没问我要不要一起去?"我们之所以难以将这些想法从脑海中驱逐,是因为在几乎整个人类历史中,与孤立有关的信号都预示着非常严重的问题,甚至可能令人丧命,所以需要立即采取行动。

在生活中,将某人孤立在外——无论是不邀请他参加聚会,还是将其拒之门外,本质上都是在向对方发出信号,即他不再属于这个团体。这被大脑认定为紧急情况,甚至可能对生存造成威胁,于是交感神经系统便活跃了起来。相反,某人发出邀请、打电话或发信息也是在发出信号,即对方属于这个群体。在收到信息的人的心灵深处,原始机制会这样解释,无论发生何事,都有人会施以援手。大脑不再忧虑高危风险,交感神经系统也可以降低活动挡位。

孤立 vs 饥饿

麻省理工学院的研究人员让研究对象在完全与世隔绝的状态下度过10个小时，后者要待在没有窗户的房间里，而且不允许使用手机。随后，他们接受了核磁共振扫描，以配合脑科学研究。为了确保不会在实验过程中见到任何人，他们提前获知如何走到正确的位置。一旦到位，面前就会播放人物出现的图像，而此时，大脑深处被称为黑质的区域得到激活。参与者对与人见面的渴望表达得越强烈，其平时社会生活越丰富，黑质得到的激活就越强烈。

然后参与者被要求禁食10个小时并做另一次核磁共振扫描，这次他们看到的是食物的图像。有趣的是，黑质的活动模式与播放人物图像时观察到的相似。但在大脑的其他部分，如奖励系统，其活动模式却有所不同（取决于参与者渴望的是食物还是陪伴）。

研究人员认为，黑质发出的是普遍的渴望信号，与对象是食物、陪伴还是其他事物无关。其他区域的活动则随着我们想要的事物而发生变化。面对饥饿和社交隔离，大脑采用了类似的神经元机制，表明从它的角度来看，创造和维持社会关系与进食一样至关重要。

❂ 听起来很熟悉吧

为何我在这一章中用了这么多篇幅来描述大脑对孤独做出的反应？因为这些知识对消除孤独来说很重要。如果感到孤独，就请思考一下我所讲的心理学知识，并联系一下自己的经历，也许你眼中的世界的威胁性和敌意比实际上更强，也许你会认为自己的处境比实际上差得多。若果真如此，恰恰说明大脑正在以它应有的方式做出反应。

请试着回想一次糟糕的互动，它是否真的那么糟糕？当你很负面地解读同事、同学或路人所说的话时，这是否是因为你过于在乎他们的负面评价了？显然，我们不必自我折磨。感到孤独时，不要过度沉溺于自我，就如同感到焦虑时一样。像"多了解孤独对我们的影响"这样的建议，有其科学依据。美国研究人员分析了多项研究结果，比较了从社会技能培训到小组活动等多种孤独的应对之法，结果显示，最有效的方法是，在治疗过程中系统地学习孤独怎样影响人类的思维模式以及我们对自身的感知。

事实上，若你打算帮助他人克服孤独，了解这些机制也是一样重要的。其他人或许会偶尔表现出具攻击性和缺乏同情心的状态，这并不意味着他们就是不喜欢你或不想要任何帮助，那可能只是孤独的表现罢了。

❂ 小举动的价值

试图在实践中从更广泛的角度来看待我们自身和内心想法，观察孤独会怎样影响我们，实非易事。那我们又能做些什么呢？

在 2021 年的冬天，当整个世界受困于隔绝和封锁时，有项研究又提供了一块重要的拼图。一组研究人员研究了 240 名年龄为 27 岁至 101 岁的人（其中大多数是独居者）。参与者需要回答有关自身孤独和寂寞的问题，这些答案可以换算成一个"孤独感得分"。此后，他们每周都会接到几通电话，和陌生人随便聊聊，每次通话一般不超过 10 分钟。

在 4 个星期的电话联系之后，参与者再次被问到了同样的问题，然而新的孤独感得分比以前低了 20%，焦虑和抑郁的症状也减少了。偶尔的通话怎么会有如此显著的成效？莫非是因为交谈对象是受过几十年培训的心理学家，他们知道如何根据最新研究提供完美的谈话指导吗？当然不是。与之通话的人只是一群年龄为 17 岁至 23 岁的年轻人，他们只接受了一个小时的共情对话训练（训练内容可以概括为几点：倾听对方说话，对对方说的话感兴趣，让对方选择谈话主题）。

这项研究只持续了 4 周。假设它将持续几年，在这么长的时间里，有可能这些简短的通话会使参与者摆脱孤独感，并让其获得不逊色于戒烟的益处。

✸ 社会需求的生理维度

在新冠病毒肆虐的日子，数字资源成为联络我们与整个世界的救生索。工作会议、瑜伽课程、休闲娱乐和疾病预约……有越来越多的事项转移到了网络平台，人们也把更多的时间用于虚拟世界而非现实世界。不久前，来自世界各地的研究显示，许多人感到压力和孤独倍增。当然，考虑到新冠病毒对人类构成的威胁，在面对有关的信息轰炸时，会感受到强烈的压力其实不足为奇。在如今的网络化社会，人类拥有各种通过数字方式见面的机会，那到底是什么导致我们更孤独呢？为什么屏幕不能满足我们的社交需求？医学研究通常无法给出一个十分明确的答案，但我们可以从皮肤中找到线索，皮肤中包含只对轻微触碰有反应的感受器，后者对疼痛、温度或用力挤压等刺激无反应。

为什么进化机制费尽心思为人类配备了只记录轻微触觉的装置？让我们来梳理一下从此得到的线索：如果皮肤以每秒2.5厘米的速度被触碰，感受器就会做出反应，而这个触碰速度恰好与爱抚的速度相同。如果我们追踪传导信号，就会发现这些信号经由皮肤传递到大脑，接着进入大脑底部的垂体。垂体将释放一组名为内啡肽的物质，后者可以缓解疼痛，并创造一种强烈的幸福感。

这些受体恰好也在人类动物界的表亲——在黑猩猩和大猩猩身上得到了发现，这些动物将清醒时间的20%用于激活受体，即抚摸对方的皮毛，这种行为被称为"梳毛"（请勿与网络上的其他概念混淆①）。动物们的梳毛行为并不完全是为了保持毛发清洁——只为清洁，没必要花费1/5的清醒时间。梳毛有其社会目的，双方都会释放出内啡肽，进而建立一种联系，"群体"也就此联结而成。

大猩猩和黑猩猩群体规模有二三十只，对于梳毛这项活动来说不是太庞大，所以它们可以很好地培养和加强彼此的社会联系。鉴于这种"两两互动"只能一对一地进行，所以群体规模是有一

---

① "梳毛"一词原文为"grooming"，文中此处意指"child grooming"，含义为对儿童的性诱拐。

个上限。人类曾经的群体规模上限约为150人，若是超过这个限度，你每天除了为别人"梳毛"，都没有时间做其他事情了。

✪ 群体梳毛

英国人类学家罗宾·邓巴（Robin Dunbar）想要探究是否存在能突破人数限制（不局限于两个人，即梳毛者和被梳毛者）的行为，让多人大脑释放内啡肽，从而实现群体梳毛。他猜测欢笑符合条件，为了验证，他让一组陌生人去电影院，一起看一部喜剧。作为对比，他让另一组陌生人看了一部冗长、无聊的纪录片。但此外还有一个小问题，内啡肽很难测量，它们不经过大脑血管，即使我们测量血液中的内啡肽水平，也无法知道脑内的实际水平。因此，邓巴转而观测内啡肽的止痛效果。他让参与者将手放在一盆冰水中，并测量他们能承受多长时间的寒冷。

邓巴推断，内啡肽的激增应该会提高参与者的疼痛阈值，令他们的手可以在冰水中坚持更长时间。果然，那些一起观看过喜剧的人在冰水中坚持的时间更长。更有趣的是，他们体验到了彼此之间萌生的亲近感——以陌生人的身份进入电影院，离开时却有了团结的感觉。至于观看无聊纪录片的那组人，他们的疼痛阈值没有变化，相互也没有产生归属感。

但是，真的是内啡肽让喜剧观众感受到了归属感吗？为寻找答案，邓巴和一组芬兰研究人员利用正电子发射型计算机断层显像（PET）技术开展了研究。进行检查时，需要对参与者注射一种与其他物质（包括内啡肽在内）相关联的放射性物质。之后，研究人员试图逗笑参与者，而内啡肽也确实得到了释放！因此，一起大笑确实是个不错的主意，似乎确实具备与猩猩"梳毛"相同的功能，但请留意其中的一个重要区别——笑声可以增进的联系不止限于两个人之间，这可以解释为什么我们聚在一起时，欢笑的次数要多出30倍（相关研究确实存在）。如果在离开电影院时感到精神振奋，你也许会自发地与其他观众聊起这部电影有多好，这可能要归功于内啡肽，是它使你萌生了团结的感觉。

接着，邓巴决定看看一些消极感觉能否以同样的方式发挥作用，他让一群陌生人观看了一部由演员汤姆·哈迪（Tom Hardy）主演的苦情电影——哈迪扮演了一个无家可归、深陷毒品，最后自杀的吸毒者。事实证明，这类电影和喜剧有同样的效果：人们对痛苦的容忍度有所提高，彼此之间也出现了归属感。

但以上还只是一系列发现的开始——与他人共舞，身体会释放出内啡肽；唱歌和运动时也同样，参与类似的群体活动更甚。当你在音乐会上与大家合唱，在剧院看动人的戏剧，在电影院观看让人笑得前仰后合的喜剧，甚至在运动课上与人一起挥洒汗水时，你所体验到的团结感都由脑中释放的内啡肽引起。邓巴认为，笑、跳舞和分享有趣或凄美的故事等行为已经演变成了一种更有效的梳毛形式，这使得维系一个更大规模（与我们的动物表亲相比）的社交群体成为可能。因此，综上所述，文化似乎是必不可少的！

如果将上述内容概括总结一下，那便是我们必须共同经历一些事，必须让一些人在同一时间体验相同的感受。在现在这个越来越依赖网络社交的时代，认识到这一点为何如此重要？这是因为大脑中内啡肽的分泌依赖于身体接触产生的刺激，而内啡肽本身，又在友谊和亲密关系背后的生物化学反应中扮演着最关键的角色。这有力表明,我们不可动摇的社会需求中也有纯粹生理层面的需求,而疫情期间的我们被剥夺了这一层面,这也为许多人的孤独提供了一个合理的解释。我们需要面对面地看到对方,接触对方,贴近对方,原因很简单——人类强烈的社会需求是从这一点演变而来的。我们只能把社会支持的一部分移到网络上,但无法全然依赖网络。

邓巴认为,社交媒体和数字通信尽管可以帮助我们维持渐行渐远的关系,但很难衍生出亲密又有意义的新关系。决定面见某人,其实算是数字时代下的一种努力。由于一天只有24小时,我们花在网上的时间越多,用来在现实生活中见面的时间就越少。邓巴认为,对虚拟接触的发明,值得一个诺贝尔和平奖——它将增进数百万,乃至数十亿人之间的归属感。但在发明虚拟触摸之前,人类最好牢记,社会需求还存在一个纯粹的躯体层面,日益增多的数字生活方式也对人类的情绪产生了影响,这与缺乏生理亲密接触无关,但仍然是孤独感的一个重要成因。现在让我们仔细研究这个问题吧。

✿ 空心化需求

截至撰稿时,统计数据显示一个成年人平均每天花三四个小时在手机上,青少年要花五六个小时,除去上学时间,他们几乎将清醒时间的一半都献给了手机。新数字时代造成了人类历史上最迅速的行为变化,而它如何对我们的感受产生影响,仍然是一个巨大的问号。尽管如此,只要再读读刚刚的数字,你也能感受到代价有多惨痛。鉴于一天只有24小时,花费更多的时间在屏

我们什么时候最孤独?

来自不同国家的研究表明,20% 至 30% 的人经常感到孤独和寂寞。这种孤独感在一生中的波动情况因人而异,但尽管存在这种个体差异,也还是有一些模式可供我们探讨。

在 16 岁至 24 岁的年轻人中,大约 30% 至 40% 的人感到孤独。在 35 岁至 45 岁的年龄范围内,大约 1/3 的人感到孤独,而 45 岁以上的人往往不觉得那么孤独。这可能是由于随着年龄的增长,我们在社交方面变得更加注重选择性,会优先考虑对我们最重要的人。最不会感到孤独的是 60 多岁的人。但不幸的是,85 岁以后,孤独感再次上升,这可能是因为许多人失去了伴侣和朋友。

幕前，就意味着有更少的时间做其他事情，比如在现实生活中见面，进行锻炼和睡觉。因而自千禧年以来，14 岁儿童中男孩的平均步行数量下降了 30%，女孩的则下降了 24%，在同一时期，因失眠而被开具安眠药的青少年数量增加了近 10 倍。

就我们的情绪而言，主要问题不在于我们用手机做了什么，而是玩手机时间增加，从而导致做其他事情的时间减少了。心理健康的保护性因素——睡眠、运动和现实生活中的社交，正逐渐被越来越多的数字生活项目侵蚀。但是，花费大量时间在屏幕前这件事本身会有危险吗？无法肯定地说，如今的我们是否比二三十年前感觉更糟。然而，年轻人，特别是年轻女性，正面临着日益恶化的心理健康状况。在一项调查中，有 62% 的女孩表示她们具有与多种慢性压力有关的症状，如焦虑、胃痛和睡眠紊乱。这个数字是 20 世纪 80 年代时的 2 倍以上。而在男孩中，这一数字为 35%，是 20 世纪 80 年代的 2 倍，问题的严峻性在很多国家都有体现。

为什么这种心理健康状况的急剧恶化会格外影响到女孩，这一点很难说清，但允许我冒昧地推测，这或许与女孩将大部分时间花在社交媒体上，而男孩则将大部分时间花在游戏上有关。为了确定这是否可能导致女孩的心理健康状况急剧恶化，接下来我们将从大脑的角度进行探究。

❂ 将自己与他人进行比较的冲动

现在，请试试把手指放在耳垂后面几厘米的地方，这个方向指向大脑中一个被医学界称作中缝核的组织，该组织由大约 15

万个脑细胞组成。虽然只占全部脑细胞的大约 0.0002%，但中缝核对我们自身的功能和感觉却至关重要。这里有大脑中最迷人的物质之一——5-羟色胺。

在许多国家，有超过 1/10 的成年人目前正在接受抑郁症的药物治疗，其中大部分是提升 5-羟色胺水平的选择性 5-羟色胺再摄取抑制剂（SSRIs）。我们为何会需要不停地提升 5-羟色胺？这些药物满足了人类何种普遍又无限的需求？为了揭开这一谜题，我们需要再次回到大脑中。

5-羟色胺在中缝核中产生后，会通过至少 20 条不同的信号通路被输送到整个大脑。在此过程中，许多不同的心理特质应运而生，这也意味着它的影响是极其复杂的。但我们还是可以非常简单地描述其最主要的任务：调节我们的退缩程度。这不仅仅适用于我们人类。

我们可以在至少 10 亿年前的生命中追溯到 5-羟色胺，它影响了许多其他物种的退缩行为。如果三刺鱼和斑马鱼暴露在增强 5-羟色胺的药物中（其水平与污水处理厂外的相当），它们就会变得不那么谨慎，被捕食者吃掉的风险也更大。当体内平衡被打破时，这个经过数百万年磨炼出的逃跑行为校准系统也面临着失灵，一个生死攸关的问题随即浮出水面。对于鱼类来说，这种威胁往往来自其他物种，但对其他动物来说，威胁也可能来自同种类生物。众所周知，螃蟹会在激烈的小规模冲突中猛烈攻击彼此。但这种冲突往往会在事前得到化解——更强大的螃蟹会逼退对手。但是，如果一只螃蟹被注射了一剂 5-羟色胺药物，它就会变得更加霸道，不太可能退缩。总之，如果螃蟹的 5-羟色胺水平发生变化，它对自己在族群中的"阶级"地位概念就会改变。这对黑猩猩来说也一样。当一个首领被赶走时，权力真空便会出现。如果此时随机选择一只黑猩猩，然后给它服用能提升5-羟色胺的药物，它就会倾向于发挥领导作用，成为新的首领。

至于人类，5-羟色胺也会影响我们对自身社会地位的感知。例如，一项对美国大学生的研究显示，在宿舍长时间居住并有领导才能的学生的5-羟色胺水平比新成员高。但这一切与青少年的心理健康有什么关系呢？5-羟色胺不仅影响我们的社会地位，还影响我们的情感生活。最常用的治疗抑郁症的药物就会影响5-羟色胺水平，使人们感觉更为良好。这意味着我们对自身社会地位的感知和精神面貌之间存在着非常密切的生物学联系。如果社会地位下降，我们就会感到很沮丧。社交媒体不断迫使我们将自己的生活与他人的完美生活进行比较，便是一个很具体的例子。简言之：从5-羟色胺的角度来看，这是人类有史以来第一次遇到这么多让人感到沮丧的理由。

你可能会说，在历史上我们总是面临着感到自己卑微的风险，确实如此，但以往我们比较的时间不会占据清醒时间的一半，比较的对象也没有那么完美。眼下不光有朋友们不断发来消息轰炸，还有成千上万有影响力的人拿钱宣扬自己的美妙生活，我们的比较标准被设定得如此之高，令人难以企及。每隔一分钟，我们就会被现实提醒，有人比我们更聪明、更漂亮、更富有、更受欢迎或更成功。这不可避免地让我们感到自己被比下去了，我们的心情也更低落。

从根本上说，我们之所以从未停止评估自己的"社会地位"，是因为大脑想要避免孤独。为了保护自己不被群体所淘汰，大脑不断地问自己"我适合吗？""我值得吗？""我够好、够聪明、够幽默、够漂亮吗?"。眼下这些问题的诞生环境与大脑进化所处的环境是截然不同的。我们渴望热量,因为我们曾处在一个热量匮乏的世界,但经过几十万年的发展,如今热量反倒成为一种负担,还可能对我们产生破坏性的影响。而我们将自己与他人进行比较的冲动也是在几十年中发展起来的。当这种本能被移植到一个很容易对自己产生不满的环境时,它就会对人的情感生活产生影响。这些影响具体是什么我们还很难断言,毕竟对社交媒体如何影响人类的研究仍处于起步阶段。但确有一些研究表明,每天花费不低于四五个小时浏览社交媒体的年轻人对自己的满意度较低,并感到更加焦虑和情绪低落。尽管如此,更进一步的相关研究还是困难重重,部分原因是社交媒体公司一直不愿意分享他们所拥有的信息。据透露,在2021年秋季,社交软件脸谱网的研究人员警告说,照片墙(Instagram,隶属于脸谱网)促使1/3的少女对自身形象不满。他们还发现,在具自杀想法的青少年中,有6%至13%的人的情况可以追溯到照片墙的使用上。脸谱网不仅无视这些警告,还向公众进行隐瞒。

不过,同样需要留意的是,每个人对社交媒体的反应都是不同的,并非所有人都会因此感到低落。就受伤害风险最大(具神经质人格特质)的人而言,他们对负面刺激反应特别强烈。此外,还有社交媒体中的"被动用户",他们滚动浏览别人的帖子,但不进行回复或交流。对此,我们该进行怎样的思考?我们不仅是最渴望热量的、满怀焦虑的灵魂的后代,也是最渴望归属感的人,也许可以假设,每天与其他人的"完美"生活进行比较,就是在向大脑发出信号——我们在优胜劣汰的秩序中处于下风。考虑到由此而来的沮丧感,对这种信号进行限制也是明智

一项有价值的发现

5-羟色胺不仅是一项激动人心的科学发现,还促成了有史以来最畅销药物的发明。

20世纪30年代中期,意大利化学家维托利奥·埃尔斯帕默(Vittorio Erspamer)在研究消化系统运动功能的协调性时,发现了一种使肠道收缩的物质。起初他认为这种收缩是肾上腺素引起的,但事实并非如此,他也未找到其他已知的物质能够与之匹配。埃尔斯帕默意识到他发现了一种以前未知的物质,他将其命名为"肠胺"(enteramine),"肠"在医学术语中表示肠道。

10年后,美国医生欧文·佩奇(Irvine Page)在专心研究高血压的生理机制时,发现血液中的一种物质同样能使血管收缩。事实证明,它与肠胺相同。由于我们的血细胞所在的液体被称为"血清"(serum),肠胺被赋予了一个新名字:血清素(serotonin),即5-羟色胺。正当佩奇研究5-羟色胺在高血压中的作用时,25岁的生物化学家贝蒂·麦克·特瓦罗格(Betty Mack Twarog)与他联系,怀疑5-羟色胺可能有更多的作用。她推测,它甚至可能存在于大脑中。

尽管佩奇持怀疑态度,但他还是提供了一间实验室给这位年轻的生物化学家,这也的确算是个明智的决定。1953年,特瓦罗格证实,在哺乳动物(也包括人类)的大脑中存在5-羟色胺。5-羟色胺在一系列不同的精神功能中发挥着作用,这些功能有食欲、睡眠、攻击性、冲动和性欲等。但最重要的是,它对焦虑症和抑郁症至关重要。

这引发了研究狂潮——其中最活跃的是那些制药公司,他们感受到了商机。5-羟色胺是否有可能改变人类的情绪状态,使他们不再沮丧和焦虑?这是一个不能错过的机会。他们的劳动很快取得了成果,几年后,市场上出现了几种影响 5- 羟色胺水平的药物，不过它们同时也会影响大脑中的其他物质。当人们发现这些药物有副作用时，研究工作就转向了开发只影响 5- 羟色胺水平的药物。在 20 世纪 80 年代末，一种名为选择性 5- 羟色胺再摄取抑制剂的制剂被推出。

将选择性 5- 羟色胺再摄取抑制剂描述为商业的侥幸胜利未免过于轻巧。与其他药物相比，这种制剂在商业上不仅称得上成功——它已成为历史上最畅销的产品。

某人发出邀请、
打电话或发信息
也是在发出信号,
即对方属于这个群体。

的。对此,有个未经科学验证的建议是,每天最多上网一个小时,就像在感到强烈焦虑时进行深呼吸一样,这可以视为一个具体化建议。

✿ 孤独"传染病"

每隔一段时间,我们就会听到警告,说孤独"传染病"正在慢慢逼近我们。从更广泛的历史角度来看,我们有理由相信这是真的。科学家们达成广泛的共识,在几乎整个人类历史上,人类都生活在由几十人到几百人组成的小团体中,彼此会密切接触,每天见面。狩猎采集者的生存模式是每天用四五个小时来狩猎和采集而非现在的一周用40小时工作。在其余的时间里他们都和其他人一起度过。如果用这些人的生活方式代表祖先的,那么毫无疑问,祖先花在工作上的时间更少,有更紧密的社会联系,与朋友和亲戚见面的时间比我们多得多。因此,从长远来看,我们已经变得比从前更加孤独,但最近几十年的时间范围内是否如此,仍有待讨论。一些研究提供了佐证。例如,当被问及如果发生紧急事件,他们可以依靠多少个亲密的朋友时,回答"0"的美国人的数量在最近几十年里有所增加。而经济合作与发展组织(OECD,简称经合组织)汇编的数据显示,2003年至2015年,所有经合组织国家的青少年的孤独感都在提升。

但也有研究表明,我们今天感到的孤独与以前并无太大差别。此外,进行跨时代的比较是有难度的,因为我们对孤独的看法在变化。孤独是每半小时不与人交流,还是两天不与人交流?这里没有"标准"的答案,但无论这条线划在哪里,都会影响许多人对自己的孤独感的看法，将今天 20 岁的人的孤独感与 20 世纪 60 年代或 20 世纪 90 年代的人的孤独感进行比较很有困难，可以说是根本做不到的。

虽然今天的独居者比 20 年前多得多——这也是近几十年来最大的社会变化之一，但这并不一定意味着我们更孤独。正如我们前面所说，孤独并不意味着寂寞。

换句话说，以最近几十年为基准，我们不能确定人类是否正面临着孤独的"传染病"。那么我们是否应该漠视这个问题？我认为不应该。尽管我们仍然处于理解孤独影响的最初阶段，但也知道，它可能导致情感痛苦和一系列疾病。正因为我们不能肯定地说，孤独感正在加剧，所以这个疑问便依然存在。如果我们想预防抑郁症和焦虑症，就要把孤独作为主要的风险因素来衡量，就像衡量体育锻炼、睡眠、压力和酒精一样。

作为一名医生和精神病学家，在遇到一些因身体和精神的不适而前来问诊的患者时，我感觉他们的"病根"还是孤独。他们需要有人倾听，摆脱自己的孤单感，同时，他们可能也没意识到孤独才是问题所在。但这也并不奇怪，毕竟大脑一直在努力为情绪状态寻找解释。我经常怀疑背痛或膝盖痛是大脑将孤独带来的情绪痛苦具象化的方式，所以治疗这种疼痛的最好方法是解决人的孤独感。

*

当然，看过本章后，你会不会给父母或祖父母多打几个电话，定期探望孤独者，或减少视频的时间而多在现实生活中见面，就完全取决于你了。也许，无论从个人还是从社会的角度来看，我们都可以通过相当小的努力，做出很大的改变，来帮助许多人克服孤独。如果每个人都努力尝试帮助至少一个孤独的人，这不仅会增加主观幸福感，减少患抑郁症的风险，还会降低人们患严重疾病的风险并改善后续状态，这将使更多的人延年益寿。

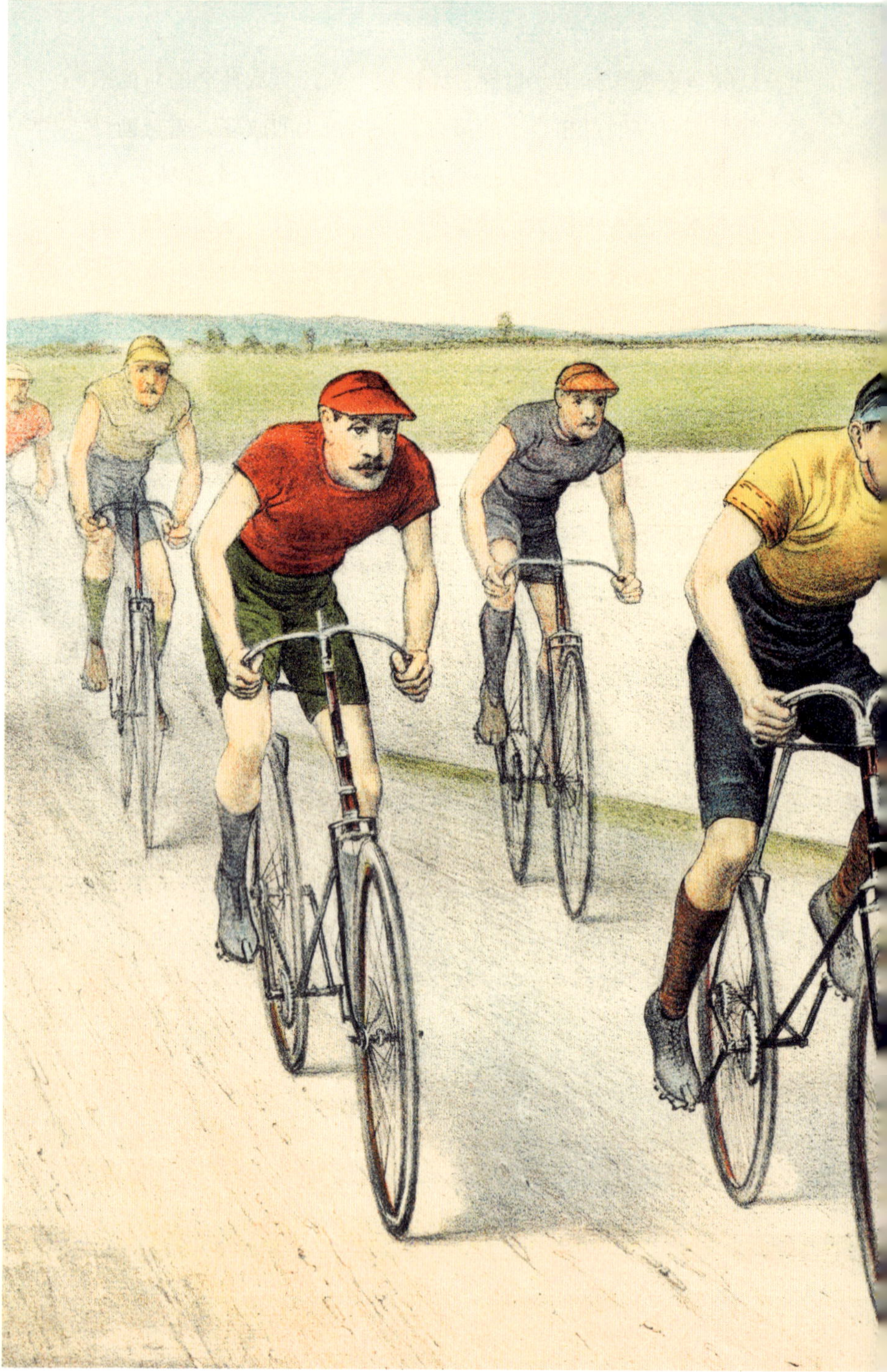

6. 体育锻炼

> 不管运动改善大脑的机制是怎样的，只有傻瓜才会无视运动这种预防和治疗心理健康问题的潜在手段。
>
> ——丹尼尔·利伯曼（Daniel Lieberman），
> 哈佛大学进化生物学教授

在医疗环境中与病人打交道的人，迟早会具备这种能力——能感觉到谁会恢复得好，谁会恢复得差。诚然，我们不应该从中过度推断，因为这可能只是巧合，毕竟我们都倾向于记住那些证实自己偏见的案例。但在 2010 年左右，我开始注意到那些通过锻炼治病的病人很少复发。随访后，我很少再见到他们，这让我怀疑运动是否有抗抑郁的作用。进一步调查研究时，我发现，情况确实如此。在过去的 10 年中，有许多以"用运动治疗抑郁症"为主题的研究。然而，其中最让我吃惊且最重要的是，如何预防抑郁症，或者说运动如何帮助我们减少患抑郁症的风险。

✿ 自行车测试与抑郁症有什么关系？

以最大握力握紧握力器，或以最快速度骑车 6 分钟，这样的测试能算出你在未来 7 年中患抑郁症的风险吗？10 年前，我认为，手部力量或骑自行车的表现与将来是否会得抑郁症没有任何关系，我会猜测其他因素，如失业、被抛弃或亲人生病。但今天我的感受却是不同的。

在英国，15万名参与者参与了两项简单的体能和手部力量测试，并回答了关于抑郁症和焦虑症的问题。当7年后重答这些问题时，部分参与者感觉比以前更好了，而其他人则感觉更糟。事实上，其中一些人的难过程度已经达到了抑郁症的标准。有趣的是，感受的变化与7年前的测试结果之间存在联系，身体健康的人患抑郁症的风险似乎更低。或许我们可以换个说法：对于那些身体健康的人来说，抑郁症的风险会减半，焦虑的风险也会减少。同样，手部力量与低抑郁症和低焦虑症风险相关，但其影响没有运动那么明显。

所以，我们可以认为那些身体素质好的人患抑郁症的风险更低。但接下来我们要扮演魔鬼代言人的角色。身体素质好的人通常更健康，饮酒少，更注重膳食健康。因此，很可能是其他生活方式因素发挥了作用。为了反驳这一点，研究人员根据年龄、吸烟情况、受教育程度和收入对数据进行了修正，此前结论仍然成立。然后，他们尝试剔除那些在研究开始时一直与抑郁症和焦虑症做斗争的人，得到的结果依旧如故。

如你所知，抑郁症和心情差之间没有明确的界限，结果取决于你如何界定它。因此，研究人员尝试用不同的阈值来界定抑郁症。然而，结果依旧如故。无论怎么看，该研究都表明，身体健康的人患抑郁症的风险较小。研究显示，体育锻炼可以减少患抑郁症的风险。然而，一两个研究结果是无法形成理论的，哪怕它们的研究规模大到包括15万人。（在研究中有个经验法则："只进行一个研究等于没进行研究。"）于是，我们需要汇编许多不同的研究，进行所谓的元（meta）分析。有关体育运动如何影响抑郁症的研究，目前已开展得非常详尽，而对几个元分析进行的元分析，即元-元分析，也在 2020 年得到了发表。研究结果表示，体育锻炼确实可以消除抑郁症的症状。鉴于研究进行方式不同，其影响也高低不等。考虑到现在患精神疾病的青少年越来越多，人们可能会想，该结果是否适用于青少年这一群体。答案是肯定的。2020 年发表的一项元-元分析显示，运动可以降低儿童和青少年患抑郁症的风险。同时，老年人也不例外。

❂ 加速器和制动器合二为一

接下来，我们仔细看看为什么运动对感受有如此强大的影响。正如前文所讲，长期压力是患抑郁症的一个风险因素。人体最核心的压力系统被称为 HPA 轴，可以追溯到几千万年前。基本所有脊椎动物——人类、猿猴、狗、猫、老鼠、蜥蜴，甚至鱼，都具备这一特征。

HPA 轴不是一个器官，而是身体和大脑中三个相互交流的不同区域。首先是下丘脑（HPA 中的"H"），它向大脑底部的垂体（HPA 中的"P"）发送信号，垂体再向肾上腺（HPA 中的"A"）发送信号，肾上腺随后分泌激素皮质醇，从而调动能量。例如，我们的皮质醇水平会在早晨上升，使我们有足够的能量让自己从床上爬起来。但是皮质醇水平在压力下也会上升。从 H 到 P 再到 A，当我们受到压力时，皮质醇就会分泌。HPA 轴虽然听起来很简单，但实际上非常复杂，包含几个反馈回路，这也就意味着它可以自己制动。你看,当皮质醇水平上升时,下丘脑和垂体的活动被抑制。因此,皮质醇自身具备制动能力,它既是压力激素,又是抗压力激素。就像一辆汽车的加速和制动共用一个踏板,如果你过于用力踩油门,汽车反而会刹车。

精神病学研究最重要的发现之一,是抑郁症患者的HPA轴活动经常发生变化。不可否认的是,与抑郁症有关的最重要的生物学发现源自身体和大脑,而HPA轴横跨二者。在大多数情况下,抑郁症伴随着HPA轴的进一步活跃,即皮质醇水平太高。大多数治疗抑郁症的方法,包括药物治疗,能起到让HPA轴正常化的作用(不同的抗抑郁药影响不同的部分)。但药物治疗并不是唯一能使HPA轴正常化的东西,体育锻炼也可以。过度活跃的HPA轴实际上可以通过长期体育锻炼得到安抚。但在短期内,运动,特别是高强度的运动会令HPA轴更加活跃,因为体育锻炼本身就是对身体的一种压力。因此,当你出去跑步时,血液中的皮质醇水平会上升,但在跑完后,它们会回落到比以前低的水平,并可以保持一个或几个小时,这使我们在运动后感到平静。

如果锻炼几周,HPA轴的活动将慢慢开始减弱——不仅在锻炼后的几个小时,其余时间也是。这是因为HPA轴有几个不同的制动器,其中两个特别重要的在海马(也就是大脑记忆中心)以及额叶(前额后面的大脑区域,它是抽象思维和分析思维等思维能力的所在地)。

海马和额叶都能从体育锻炼中获益。事实上,由于运动,海马体积会变大,额叶也会生成更多小血管,这加速了氧气的供应和废物的清除,提升了大脑内部压力制动器的性能。不只如此,运动还会使 HPA 轴变得对自身活动更加敏感，从而增强其自我制动能力。换句话说，油门和刹车都变灵敏了。

✿ 锻炼——抑郁症的对立面

正如前文所述，抑郁症是一系列不同情况的总称，可由不同的神经生物学过程引起。除了过度活跃的 HPA 轴，抑郁症还与体内的炎症有关，这点我们在前面也讨论过。它还与低水平的神经递质多巴胺、5-羟色胺、去甲肾上腺素，以及低水平的大脑自身"肥料"脑源性神经营养因子（BDNF）有关。此外，抑郁症还与岛叶（大脑颞叶内的部分，对感受很重要）活动改变和杏仁核活动增加有关。

这些机制不相互排斥，在不同的人身上有或多或少的相互影响。实际上，我们无法说一个人患抑郁症是由于多巴胺太少、杏仁核过度活跃还是炎症太多。但从运动的角度看，这些原因都不重要，无论是面对什么因素导致的抑郁症，体育锻炼都能够起到积极效果！

运动可以增加多巴胺、5-羟色胺和去甲肾上腺素的水平，也可以增加脑源性神经营养因子的水平。随着时间推移，运动还具有抗炎作用。运动需要能量，一部分能量从免疫系统中转移出来，免疫系统就会变得不那么活跃。由于慢性炎症往往是过度活跃的免疫系统引起的，运动能够使之平静下来，这听起来好像没那么令人振奋，但确实是好现象。锻炼还能促进海马中脑细胞的形成，并使 HPA 轴正常化。好处还有很多，但我想你已经心知肚明。从生物学的角度来看，已经没有什么比运动更有力的抗抑郁症武器了。我们还可以从另一个方面理解其抗抑郁作用的背后逻辑，它与感受的产生有关。如你所知，岛叶将你的感官印象与身体内部情况结合起来，形成感受。因此，大脑在酝酿情绪状态时会综合考虑外部和内部信号。

运动可以使体内的所有器官和组织更强健，使血压、血糖和脂蛋白更稳定，使肺部最大摄氧量得到改善，使心脏和肝脏功能得到提升。所有这些都意味着，大脑会接收到各种好信号，我们在感受上也更为愉悦。因而，可以认为运动为我们规避了抑郁症。

✿ 因 果

说到这里，我们便要暂时放下神经生物学机制，再次扮演魔鬼代言人。在纽约和芝加哥，当冰激凌大卖特卖时，凶杀案的数量也往往会增加。这是否意味着应该怀疑冰激凌使人们变得好斗和凶残，并将凶杀案归咎于冰激凌生产者？当然不是，凶杀案增加不可能完全归咎于冰激凌。更合理的解释为，在热天，人们吃更多冰激凌，会花更多时间在户外，也会喝更多的酒，这就导致了更多的暴行出现。因此，天气既影响冰激凌的消费，也影响凶杀案的数量，但冰激凌和凶杀案之间没有任何关系。

那么，我们怎么就能确定，不存在能够同时影响患抑郁症风险和身体活动程度的事物呢？万一运动和低抑郁症风险之间的关系与冰激凌销售和凶杀案之间一样没有太大关系呢？

如果这点无法确定，我们要弄清体育锻炼能否降低抑郁症风险，就要再完成另一个挑战。一项研究按照以下方式进行：一组参与者被指定完成会提高心率的运动，而另一组被指定完成不提高心率的活动，如拉伸。经过几个月的定期锻炼或拉伸后，研究人员对各组进行检查，看他们的感受是否发生变化。这与在药品开发中使用的方法相同，即给一组人药物，给另一组人糖丸。问题是，在研究运动的心理影响时，找不到一种完美的"糖丸替代品"。毕竟，参与者知道自己在做什么，因而会猜测自己应该感觉很好，更别说，他们还可能读过相关的研究。那么，我们怎么能排除安慰剂效应，确定这种感觉上的改善与心理预期无关？

问题还不仅如此，为了得出与运气无关的结论，我们必须对数百或数千人进行持续数年的监测，以便有足够的时间观察他们是否会患上抑郁症。美国研究人员决定从遗传学角度来消除这些问题和错误来源。抑郁症的患病风险中有高达40%是基因决定的。同样，你的运动量在某种程度上也受到基因的影响——有些人就是比其他人更有活力。

如果具备"爱运动"基因的人更不易患上抑郁症，则标志着体育锻炼确实能起保护作用。若再将基因测试与运动数据和心理测试相结合，就有可能得出一些有趣的结论。例如，人们可以调查那些有多种抑郁症遗传风险因素但经常锻炼的人，观察他们是否如预料般（纯粹统计学意义上的）抑郁。这一切听起来似乎很复杂，实际上它也确实很复杂。这种方法被称为孟德尔随机化，它是一种能将统计联系（如冰激凌和凶杀案）和因果联系（如酒精和凶杀案）分开的方法。孟德尔随机化需要大量（超过20万）的参与者。此外，研究人员还面临着另一个问题，人们在报告运动量时有高估自身的倾向，所以研究人员决定使用计步器，它能提供更客观的数据。

所以结果到底是运动降低了患抑郁症风险，还是安慰剂在起作用？研究人员终于可以毕其功于一役了。2019年初，其中一本最负盛名的精神病学研究期刊上发表了明确的结论：体育锻炼可以保护人们免受抑郁症的侵害，并非只是安慰剂作用。如果你每天将15分钟的静坐换成15分钟的跑步，患抑郁症的风险就会下降26%。如果你选择步行1小时，风险也会按照对应幅度下降。这意味着，跑步等提高心率的项目的有效性似乎是步行的4倍。如果跑步超过15分钟，或步行超过1个小时，你将获得额外的保护。

不管这项研究有多深入，研究人员仍然决定开展进一步分析，以便切实验证其结果。他们从一组具有高抑郁症遗传风险的个体开始，对后者进行了两年的跟踪调查，在此期间，这些个体中的一些人变得非常抑郁。然而，对其中经常锻炼的群体来说，虽然也偶有确诊，但很是少见。研究人员总结道：我们的研究表明，即便你的基因决定了你更容易患上抑郁症，但那不是无法避免的。体育锻炼有可能抵消掉一部分风险。因此，可以肯定地说，我们可以通过锻炼来治疗和预防抑郁症。但风险降低并不意味着归零，也不意味着任何患上抑郁症的人是有缺陷的。

无论你是步行到商店，修剪草坪，还是为马拉松做训练，计步器都不受影响，这点很重要。真正起作用的是运动本身。尽管能提高心率的项目的有效性似乎是其余项目的4倍，但归根结底，有助于预防抑郁症的是步数，而不是你在何时何地如何走。

❄ **有多少抑郁症是可预防的？**

体育锻炼确实给我们提供了一层额外的"精神软垫"来对抗

抑郁症，但可悲的是，这一环节正变得越发薄弱。在西方世界，人们每天平均走五六千步，而对狩猎采集者社群的研究，以及对六七千年前的骨骼的分析则表明，我们的祖先每天走 1.5 万至 1.8 万步。为了发挥出最佳功能，身体和大脑很可能还是基于这个数字进行自我调整。换句话说，我们似乎只走了应有步数的 1/3。

不管是从长期历史角度，还是从近几年的情况来看，人们的步数确实减少了。在瑞典，自 20 世纪 90 年代中期以来，具"健康风险"者的比例已从 27% 增加到 46%。"健康风险"的标准是，不能快步走 10 分钟以上且不休息。在年轻人（11 岁至 17 岁）中，只有 22% 的男孩和 15% 的女孩完成了世界卫生组织建议的每天 1 小时体育锻炼。换句话说，我们现代人的运动状况相当糟糕。

考虑到运动可以预防抑郁症，结合现在的运动情况，可以说人类失去了对抑郁症的主要防御措施之一。这就衍生出一个有趣的问题：如果多做一点运动，可以在多大程度上避免抑郁症出现？英国研究人员试图计算这点，他们使用了 3.4 万名参与者的数据，这些参与者被跟踪调查了 11 年。由于各种因素会相互影响，研究人员很难将每个因素所起的作用剥离出来，所以以下结果应该算是粗略的估计，而非确切的数字。

研究人员得出结论，如果每周只锻炼一小时，可以预防 12% 的抑郁症，儿童和青少年也能从适度的锻炼中收获良好的效果。研究人员使用计步器，跟踪了 4000 多名 12 岁至 16 岁的儿童和青少年的活动情况，几年后，同样的参与者被问到关于抑郁症的问题，结果表明，青少年每周每增加一小时的运动量，18 岁时在抑郁症量表中的得分就会下降 10%。

❋ 焦虑和体育锻炼

现在让我们把注意力转向焦虑。对焦虑的最佳解释是"先发制人的压力"。焦虑和压力两种反应在原理上是相同的，都是HPA轴的激活，其区别在于压力与具体威胁有关，而焦虑与潜在威胁有关。

由于在面对压力和焦虑时，HPA轴会提升一个挡位，而体育锻炼会使其变稳定，所以从理论上来说，体育锻炼应该会减少焦虑。那么事实是否如此呢？2019年，研究人员结合了几项研究，为患有各种焦虑症的参与者安排了锻炼或其他治疗。结果发现，能提高心率的项目可以保护儿童和成人免受焦虑症（特别是创伤后的压力）侵害。另一项发表于2020年的元分析整合了18项不同的研究，其中每一项研究都表明，体育锻炼可以保护人们免受焦虑症的影响，而坚持运动本身比具体选择何种运动类型更重要，无论是游泳、散步、在跑步机上跑步、骑动感单车，还是在家里做些能提高心率的项目，都可以起到作用。

在一项又一项研究，一项又一项元分析中，我们可以看出焦虑症在常锻炼的人中更罕见。其中的重点也不是如何锻炼，而是是否锻炼。常锻炼的人也更少经历惊恐发作，即便发作，其强度也比别人更低。对于那些患有社交恐惧症的人来说，社会评价会变得不那么具有威胁性；至于那些患有创伤后应激障碍的人，会更少体验到紧张和闪回带来的不适感。但与其他任何治疗焦虑症的方法（如心理治疗或吃药）一样，并非每个人都能从运动中获得积极效果，可能一些人觉得效果非常好，而另一些人则没有什么感觉。整体而言体育锻炼对焦虑症的治疗效果是可观的，和对抑郁症一样。

然而，还有一件事对预防焦虑很重要，那就是提高心率。身体会逐渐了解到，心率加快并不等同于面临着迫在眉睫的灾难（我那位在地铁上经历惊恐发作的病人便是个反例），相反随之而来的可能是皮质醇水平降低，内啡肽和幸福感不断涌现，这样的体验可以有效避免惊恐发作的恶性循环。因此，一个缺乏锻炼、患有惊恐发作或其他形式重度焦虑症的人必须慢慢建立起自己的训练体系。从一两个月的快步走开始，然后慢跑一段时间，再接着逐渐加快速度。如果平时不锻炼，突然高强度运动，你的大脑可能会误认为心率提升是一种危险，反而令焦虑症恶化。相反，逐步加强锻炼时，大脑慢慢就会注意到焦虑的消失。这并非一朝一夕就能促成，更多时候要以月为单位坚持。

❈ 减少所有形式的焦虑

作为一名医生，我确实会开出运动的处方，而每当我为焦虑症患者开出运动的处方时，都会看到惊讶的表情。"锻炼？"他们震惊地问我，"这怎么可能改变自己对生活、工作或亲人患病的压力和焦虑？"事实上，很多病人甚至不知道焦虑的根源。对于人类为何会进化到用体育锻炼缓解焦虑的地步，虽然无法完全解释通，但我们可以这样想：HPA轴的工作逻辑，是在面对威胁（也就是压力）或当大脑认为可能出现威胁（也就是焦虑）时，为身体的肌肉调动能量。那么，几百万年来，究竟是什么给人类带来了最大的威胁？在哪些情况下，HPA轴久经进化考验的能量调动功能极为重要？提示：并非账单、截止日期和日常工作造成的社会心理压力，而是与生命威胁有关的方面，它们来自捕食者、事故和感染。

那些身体状况好的人有更大的概率成功逃脱，在战斗中击败对手或从感染中恢复过来。他们的HPA轴不需要在一发现潜在危险时就将自己调到最高挡，也不需要对每一个真实或潜在的威胁感到恐慌。他们的压力系统，即HPA轴，具备一个更低的挡位。

当处理日常的社会心理压力时，我们的大脑使用的是人类在历史上用以处理生命威胁的系统。那些能帮助我们脱险的事物（包括健康的身体），都会使人类自古传承的压力系统平静下来。鉴于在身体机能方面人体自古以来并未发生太多的变化，HPA轴也被良好的身体素质"降服"，因此好好锻炼身体的人更有能力处理现代的压力和焦虑。简言之：无论压力源自什么，运动都能平复身体对压力的反应。

那么我们是如何意识到运动后HPA轴的活动会趋于平静的？难道大脑在踢完足球后会收到一条弹窗通知——"恭喜你，安德斯！你完成运动了，现在你的皮质醇水平已经恢复正常。你的状态很好，就算有一头狮子潜伏在灌木丛中，你也能成功逃脱"？这点很难判定。相反，运动后，我会把它当作一种感受来体验！那是一种平静的感觉，焦虑消散，我对自己的能力更有信心。这种信心会驱走我的焦虑对象。关于锻炼对我们的影响，一项重要的心理学发现是，它提高了我们的"自我效能感"——我们对自己完成一项任务的能力的信心。

多方位视角

锻炼不是万能药,但另一方面,万能药几乎不存在。抗抑郁药物对1/3的抑郁症患者有很好的疗效,对另外1/3的患者有适度的疗效,而对最后1/3的患者完全没有疗效。在所有接受认知行为疗法治疗的患者中,有大约一半人体验到了良好的效果,而对另外一半人来说,效果并不明显。同样,体育锻炼的结果也因人而异。一些人感到效果很好,而另一些人则几乎察觉不到什么实质性的作用。然而,平均而言,积极作用还是有的。如果抑郁症严重到令人身心俱疲,患者也不可能进行激烈的体育锻炼。在这种情况下,休息和恢复是身体所需要的,同时患者还要配合治疗,且通常是药物方面的。

需要多少运动来预防抑郁症?

"需要多少运动来预防抑郁症?"这个问题,本质上问的是最少需要多少运动量。答案很简单,只需每周1个小时的快走就可以起到预防作用。参与研究的人都很惊讶地发现,儿童和成人都能通过小小的努力(例如,开始骑自行车上班或步行上学)获得大大的收获。虽然体育锻炼多多益善,但我想读者们还是希望知道确切的数字吧。一些范围广泛且设计精心的研究表明,每周完成2小时至6小时的能提高心率的项目是最佳的。多项研究数据表明,每周锻炼时间超过6小时,似乎并不会带来更进一步的保护作用。

❈ 更信任自己的能力

在瑞典哥德堡市中心以西 15 分钟车程处，坐落着巨石学校（Jättestensskolan），该校拥有约 600 名中小学生。在 21 世纪初，这里只有 1/3 的学生通过考试完成了义务教育。为扭转这一趋势，学校的校长洛塔·莱坎德（Lotta Lekander）和乔纳斯·福斯伯格（Jonas Forsberg）决定将研究付诸行动。

学生们通常每周有两次体育课，但莱坎德和福斯伯格想看看，如果他们平日都进行锻炼，会发生什么。因此，学校在学生们没有体育课的 3 天里引入了半小时的体育锻炼课程。这些课程是强制性的，在体育馆举行；为了避免影响其他课程，通常在课余时间开展，这意味着学生每周要在学校待更长时间。为了避免与学业有关的压力，这些课程不由体育老师主持，学生有广泛的选择性，运动主要会将心率提高到最大心率的 65% 至 70%，并持续 30 分钟。没有竞争，不需要表演，只是让心率上升。那么，结果如何呢？2 年后，通过所有考试的离校生人数几乎翻了一番。

当我第一次知道这所学校的事情时，还对此存疑。但经过进一步的调查，我了解到，除了增加体育锻炼外，学校还实施了一些其他措施。雇用了新的工作人员，并对孩子们的能力和需求进行了比以往更系统的评估。那么，运动起到了什么作用？为了找出答案，我决定在拍摄瑞典颇受欢迎的科教片《你的大脑》（Your Brain）时访问该学校。莱坎德和福斯伯格对我表示了热烈欢迎，并告诉我，虽然他们不能给我关于锻炼效果的准确数据（毕竟学校关注的是实际效果，而非研究），但他们相信，所谓的"脉冲会议"（pulse session）是给学生们带来动力的最重要因素。有趣的是，两位校长热衷于讨论的并不是对成绩的影响，而是学生们状态更佳的事实。据莱坎德和福斯伯格说，学生们的压力和焦虑减少了，信心也增强了。

莱坎德和福斯伯格的感受与智利研究人员观察到的情况一致。智利在很短的时间内陷入了"富贵病"（糖尿病和心血管疾病等）危机。研究人员想看看可否通过改变生活方式来扭转这一局面。他们设定了一个项目，让较贫困地区的年轻人有机会参与跑步、篮球、排球、足球等体育项目，项目选择侧重个人喜好，而非互相竞争。事实证明，在为期10周的项目结束时，年轻人的体能有了很大提升。不仅如此，他们变得更加冷静，不那么焦虑，自信心也有了提升。锻炼尤其会增强儿童的自我效能感，他们不仅对自己的运动能力有信心，而且在整体上获得了自信，甚至在侧重理论的学科上表现更出色。诸多研究都证实了这一点，其中一项重要调查由瑞典公共卫生局开展，该调查显示：定期进行体育运动的儿童对生活更满意，压力更小。

❃ "为避免挨饿而生"

讲到这里，我们就面对着一个谜团。如果体育锻炼能增强我们的自信心，使我们对生活更加满意，保护我们不受抑郁症的影响，控制焦虑和压力，将情绪恒温器调低，强化身体的各个器官，为什么我们心里会自然而然选择宅着看奈飞（Netflix）的电视剧或与人聊天，而没有跑步的冲动呢？为什么大脑会抗拒这件明显对它有益的事情？要想理解这个矛盾，我们需要记住两件事：大脑确实可能因锻炼而进化，但其主要目的依旧是生存。在几乎整个人类历史上，饥饿都对我们的生命构成了巨大的威胁。热量是罕见的奢侈品，我们要牢牢把握住它。

近几十年来，我们可以不断地获得我们想要的热量，不过是打开冰箱或去一趟商店的事情。但由于人类进化速度很慢，要以千年而不是几十年的时间来衡量，所以大脑还没有适应这种情况。在大草原上，大脑会喊道："把我从饥饿中拯救出来，把你能找到的所有热量都吃下去！"在我们购物时它也有这个倾向。当我们看到甜食货架时，大脑的反应与我们的祖先幸运地遇到了一棵结满甜果的大树时无异。"中奖了！现在就大快朵颐吧！"我们的祖先永远无法获得足够的热量，因此我们没有对渴求热量一事配备"停止按钮"。我们几百万年来都在一个热量贫乏的世界中求生存，总是处于饥饿边缘，对热量的渴望永久地传承了下来，哪怕是在现在这个拥有无限热量的世界中。结果当然不难预测——我们会不停地吃东西，一直吃。这摄入的欲望是个无底洞，考虑到这里，肥胖和 2 型糖尿病等问题就顺理成章多了。由于人们能得到的热量已不存在限制，曾经的生存机制到现在就发展成了一个陷阱。

身体有多少热量，不仅是我们吃多少食物的问题，也是消耗多少热量的问题。而运动，正如我们所知，需要能量。这就是为什么人类在设定上如此懒惰，如同在糖果货架前大脑希望我们大快朵颐一样，它也希望我们待在沙发上，避免消耗不必要的热量。你可能会想，一个超重的人有足够的热量，为什么大脑还想让他们歇着？答案是，在整个人类历史中，我们几乎从未超重。也许有少数肥胖的国王、女王、皇帝和法老，但那已经是例外之中的例外了。

在历史上超过 99.9% 的时间里，人类都没有多余的腰部赘肉，每当食物匮乏时，对所储存热量的消耗就不可避免了。这就是为什么身体和大脑从没有发展出保护性机制，对我们说："你的热量比你需要的多，出去跑几圈，这样你在 30 年内就不会得心脏病了。"往昔的人类从未面临过赘肉负担，更别说其中大多数甚至活不到通常遭遇心脏病发作的年龄。

现在，超重和肥胖已严重影响了人类的健康，而饥饿却相对极为罕见。在几乎整个人类历史上，超重的问题都不存在，饥饿威胁才是更致命的。因此，进化使我们发展了对抗饥饿的强大保护性机制——我们一开始减肥，就会感到更饿；此外，基础代谢（身体在休息时消耗的能量）下降，从肠道吸收的营养物质增加。这些机制都有一个共同的目标：维持体重。大脑认为减重（无论这部分重量是否属于超重）都是饥饿带来的威胁。虽然这些机制帮助祖先躲过了饥饿，但在尝试节食时，它们就会成为我们的阻碍。

人类还处在寻找富含热量的食物以避免挨饿的进化阶段，同时人类会通过休息尽可能节省宝贵的热量。简言之，人类的天性是懒惰的。如果祖先发现我们跑得满头大汗却又回到原地，把重物举到空中再放下，他们会认为我们有毛病。对他们来说，自愿将精力用在像慢跑或举哑铃这样"无益"的事情上，就像将食物倒进下水道一样愚蠢。

有迹象表明，"锻炼"这个概念对以前的人来说是荒谬的，生活在现代社会的我们仍然拥有着狩猎采集者的身体，可是以往他们每天会走 1.5 万至 1.8 万步，几乎每一步都有其特定的目的。

不同于人们所想，这些部落成员不会一个活动接着一个活动地忙不迭，他们每天只用四五个小时来打猎和采集，而把剩下的时间拿来社交。因此，你我这样的当代狩猎采集者，会宁愿在沙发上翻来覆去，也不肯穿上跑鞋，完全是出于一种自然本能。

❀ 骇人的进化

　　身体想让我们节省能量，更倾向于规避饥饿，并抗拒出去跑步，这衍生出一个重要的问题，大脑是人体最耗费能量的器官，它只在必要情况下工作。回顾整个人类历史，人们在动起来时几乎都要求自身心智能力处于巅峰状态。通过运动，我们看到了新环境，获得了需要记住的感官印象。狩猎最需要注意力和问题解决能力，也就是创造力。即使是狩猎采集生活中的采集部分，对心智来说也是一种挑战。在不同地形间穿梭时，采集者需要全神贯注地勘察周围环境，寻找可食用的东西，同时注意潜在的威胁和逃跑路线。他们试错的机会非常有限——如果没有发现任何食物，往往不超过一两个星期就会饿死。这些事实意味着他们的心智能力必须处于巅峰状态。在过去 10 年中人们有许多意想不到的发现，比如体育锻炼不仅能改善我们的感受，还能改善心智能力。一项研究让学生们通过耳机聆听词汇，其中一组学生边走边听词汇，另一组学生则坐着听。当在 48 小时后实施测试时，研究人员发现边走边听词汇的人多记住了 20% 的单词。其他研究表明，体育锻炼可以提高注意力和创造力。有研究显示，在运动后的 1 小时内，头脑风暴的能力提高了 60% 以上。

　　当我第一次读到这些实验时，我很惊讶。对我来说，"大脑训练"的概念只能让我联想到数独、填字游戏和拼图。体育锻炼怎么会对记忆力、注意力和创造力等心智能力产生更深远的影响？合理的解释是，在几乎整个人类历史上，运动的时候，就是我们最需要心智能力的时刻。狩猎和采集需要全神贯注，因为那时我们必须牢牢记住一些东西。

如果基于今天的世界设计大脑，那么坐在电脑前时，我们的头脑会处于最敏捷的状态。但计算机的出现不过是近两代人经历的事情，这对人类来说还太短暂，无法适应。不过，体育锻炼能使我们的头脑更加敏锐，这一事实为我们提供了所谓"破解"进化的方法。在跑步机上跑步或快步走，就是在诱导大脑运转起来，从而更好地为我们所用——唯一的困难是，人们要耐得住上气不接下气的状态。

对我来说，了解运动与感受之间矛盾的背后逻辑，具有重要的前瞻性意义。我知道，经过几万代人磨炼的生物学力量使我倾向于躺在沙发上，同时，我也知道，生物学力量也在影响着我的大脑，若运动起来，我会感觉更舒服、工作得更好。运动就像是一场艰苦的斗争，有时我会告诉自己，不要让我那没跟得上发展脚步的基因控制自己，我才是那个操纵自己身体的人。要说这些想法每次都能成功激励我去锻炼，的确言过其实了，但它确实能够起到作用。

✿ 聪明，但不明智

我们用自己聪明但不明智的大脑将运动挡在生活的门外，是因为我们天生就很懒惰，不愿在非必要的情况下消耗能量。虽然人类的天性是懒惰的。
如果祖先发现我们跑得满头大汗
却又回到原地，
把重物举到空中再放下，
他们会认为我们有毛病。

这种做法在几十万年来都很奏效，但在现代社会，它就是死亡陷阱。世界卫生组织估计，每年有 500 万人因为没有进行足够的锻炼而早逝。以此计算，在 2020 年，由于久坐不动的生活方式而死亡的人数可能与新型冠状病毒感染致死人数一样多。

到现在为止，人类社会的便利性已发展到极致，电动车和外卖把生活中仅存的一点运动也省下了。但在这一过程中，我们失去了更重要的东西，其中就有身心健康。我认为必须寻找智慧的方法，将锻炼重新纳入生活日程。这种尝试并非要大张旗鼓，比如我们可以选择步行或骑自行车去上班，用走楼梯代替坐电梯，去做任何可以养成习惯的事情。一个最理想的结果就是，运动演变为一种你会不假思索去做的事，就像刷牙一样。

你可能觉得，现代生活呆板得可怕。但是我们也可以改换视角，将它当作巨大潜力的来源。如果我们想认真治疗并预防一系列身心问题，体育锻炼就是一个可以利用却未被开发的潜力宝库。如果你很少运动，我也可以祝贺你——宝藏在等待你去挖掘，你会感受到绝佳的效果。当一个从不锻炼的人开始锻炼，他将感受到情绪、压力的耐受力和心智能力方面的极大改善。

✿ 为什么我们会忽视身体？

不只你一个人惊讶于身体在预防焦虑和抑郁方面发挥的作用。从我的《大脑健身房》(*Hjärnstark*) 一书的反响来看，很明显，许多人都低估了身体在精神状态中所发挥的作用。每天都有人找到我，告诉我这本书如何改变了他们的生活。几乎所有人都说他们已经开始锻炼了，以及他们的身心状态在好转。我永远不会忘记那次在阿兰达机场的经历：一个30多岁的男人跑过来找我。他告诉我，他在一个被战争蹂躏的地区长大，创伤后应激障碍有时让他难以承受，他甚至曾考虑过自杀。

读完这本书后，他开始跑步，一开始勉勉强强，然后逐渐加大强度。随着焦虑消退，他尝试减少酒精的摄入。最后，他不确定这两者——跑步或戒酒中哪一个起到了作用，但如果没有跑步对焦虑的安抚，他永远无法解决酒精问题。他感觉到了前所未有的舒适，他对《大脑健身房》的唯一抱怨是，我没有在10年前就写出这本书！

当然，我们应该对这种评价持谨慎态度，但令我吃惊的是，有数百人跟我说了同样的话——在读这本书之前，他们并不认为运动会对情绪造成什么影响。我想了想其中的原因，可能是西方思想通常把身体和灵魂分开。从柏拉图开始，诸多有影响力的思想家都形容灵魂"生活在身体和大脑之外"。身体和灵魂之间的划分很容易让人相信"机器中的幽灵"理念，也就是人体内有比大脑维度更高的东西，如精神或灵魂。这种想法当然很吸引人，毕竟我们很难想象自己内心的感受是在一个像一堆被压扁的香肠一样的器官里产生的。尽管可能有点不情愿，但越来越多的人开始接受这样的事实：感受、思想和经历确实产生于大脑中，其中并未卷绕着任何精神、灵魂或幽灵。这样一来，人们便放弃了划分身体和灵魂，转而去划分身体和大脑。

可这种划分是人为的。大脑并不会从身体中嗖地跑出去，与身体分离，大脑无法在没有身体的情况下存活。实际上，大脑的发展并不是为了思考、感受或使我们产生觉知，而是为了引导和控制身体。对此我想引用著名神经科学家莉莎·费德曼·巴瑞特

（Lisa Feldman Barrett）的话："随着身体在进化过程中变得越来越庞大，越来越复杂，大脑也越来越庞大，越来越复杂。"

大脑和身体有着极其密切的联系，在本书中，我举了一些例子来描述这种新近发现的联系，如大脑接收来自免疫系统的信息，或者它使用内部和外部刺激来创造感受的方式。由于这些外部刺激（如感官印象，或在工作、学校和社会生活中发生的事情）是清晰而可测量的，所以人们在试图解释感受以及为什么会抑郁或焦虑时，很容易发现它们。然而，来自身体的内部刺激就较难捕捉，因为它们是主观的。不过研究显示，它们所起的作用是同样重要的。

换句话说，不可能通过让我们的大脑"明事理"，或让药物发挥"平衡"功能，来影响我们的感受、抑郁和焦虑；同时，身体状况比大多数人认定的更重要。我相信研究只是帮助我们初步摆脱了对身体和大脑的人为划分。随着这种划分消失，我们将开始从心理学和生理学两个角度来看待抑郁症、焦虑症和幸福感，而我们也正应该从这两个角度来看待体育锻炼。

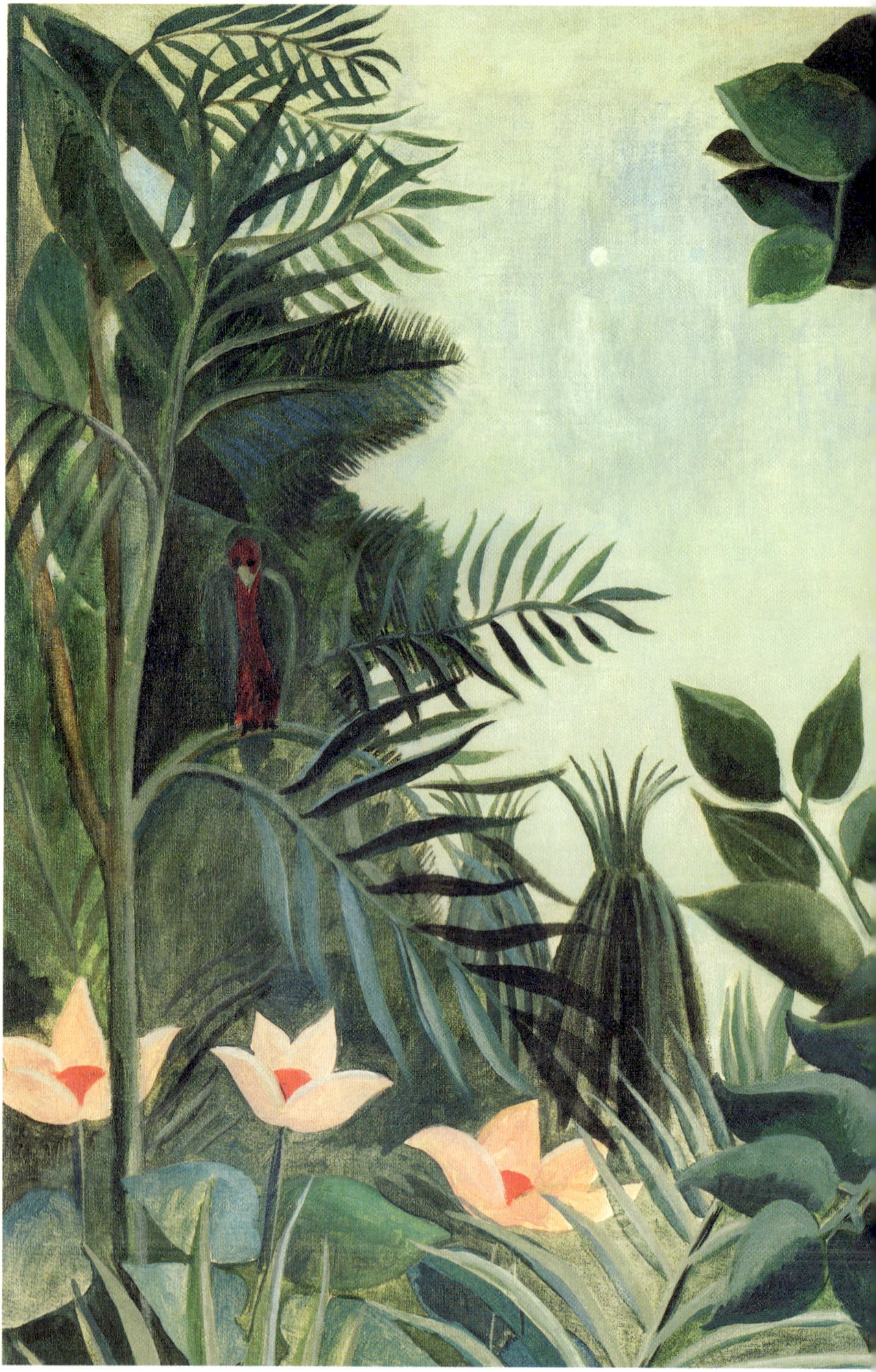

7. 我们的感受是否比以前更糟糕了?

> 这是最好的时代，这是最坏的时代。
>
> ——《双城记》(*A Tale of Two Cities*)，
> 查尔斯·狄更斯（Charles Dickens）著

在我十几岁的时候，我对历史产生了浓厚的兴趣。不仅文艺复兴或中世纪，就连埃及和美索不达米亚的文明起源也深深地吸引着我。我对我们这个物种的历史充满兴趣，这种渺小、没有皮毛的东非猿类，这种哺乳动物，是如何成为地球的主人的？我竭尽所能阅读了所有资料，惊讶于过去使我们祖先消亡的和当下使我们消亡的，两者之间存在的巨大差异。

渐渐长大，我选择了医学，并在卡罗林斯卡大学医院实习，那时我在真实的生活中直观感受到了我所说的差异。几乎已经没有病人因过去易置人于死地的疾病而接受治疗，几乎没有人再因天花或疟疾而与死亡搏斗，几乎没有人再因脊髓灰质炎而瘫痪。我们已经控制甚至根除了历史上一些最顽固和最致命的疾病，这是现代医学的伟大成就。然而，我又突然意识到，如果当下这些病人像我们的祖先那样生活，还有多少人会出现在病床上？那位患有 2 型糖尿病的病人，由于超高的血糖陷入昏迷，这在过去是难以想象的，因为 2 型糖尿病的病灶是高血压和肥胖等，这些因素都很难出现在我们的祖先身上。心脏病发作的病人也是如此，肥胖、吸烟和 2 型糖尿病都是诱因。此外，还有病房里那些中风的病人，因为高血压是中风最大的诱因。

后来，我在同一家医院的精神科病房轮值实习，进行着相同的思维练习。这一次，却更难猜测如果像祖先们那样生活，会有多少人出现在医院。病房里的几位病人被诊断出患有精神疾病——精神分裂症。我认为他们遭遇这种疾病是必然的，因为精神分裂症属于遗传性疾病，但令人惊讶的是，自古以来，人类的基因几乎没有发生变化。患有重度双相情感障碍的病人也是如此——双相情感障碍俗称躁郁症，也是一种遗传性疾病。

那么，对这间病房里的大多数病人——那些因抑郁症和焦虑症而入院的病人——来说，他们如果像我们的祖先那样生活，还会落得这步田地吗？我意识到，我真正面对的问题是：我们的感受是否比以前更糟糕了？

*

显而易见，推测祖先的精神生活很棘手，大脑不会变成化石，我们的祖先也没有留下任何心理评估数据。但很明显，祖先也遭受着严峻的考验。他们中有一半人在十几岁之前就去世了，这意味着大多数成年人都体验过失去孩子的痛楚。那么，他们中是否也存在和现代类似的抑郁症患者？为了进行更合理的猜测，我们将现代以狩猎采集为生的人作为研究对象。但在当前条件下，贸然到异国他乡做一些奇怪的访谈，并要求别人填写一份调查问卷是行不通的。研究人员必须被当地居民接纳，并观察后者生活多年。人类学家爱德华·席费林（Edward Schieffelin）采取了这样的做法，他与巴布亚新几内亚独立国的卡卢利人相处了

10多年，亲眼见证了他们遭受的痛苦和折磨，但尽管面临着这样极具挑战性的生活，在与2000名部落成员的访谈中，他发现其中只有很少的人有抑郁症，且症状很是轻微。

詹姆斯·苏兹曼（James Suzman）在与卡拉哈里的布希曼人生活了20年后，也得出了同样的结论，我们所熟知的抑郁症确实存在，但堪称罕见。其他一些人类学家研究了前工业社会结构中的人，包括坦桑尼亚的哈德扎人和印度尼西亚的托拉詹人，纷纷得出了同样的结论——很少有人会抑郁。令人震惊的是，现代狩猎采集者困苦的生活条件和我们祖先的类似，几乎有一半的孩子在进入青春期之前就去世了，这对父母来说是毁灭性的打击。然而，尽管他们会对失去的孩子表示哀悼，却很少会抑郁。

但要从苏兹曼、席费林和其他人类学家的经验中敲定结论，还需谨慎，因为他们并未接受过诊断抑郁症的训练。此外，患有抑郁症的部落成员也有可能隐瞒他们的问题。而那些仍生活在前工业社会的人也并非不受时间流逝的影响。这些人通常生活在交通闭塞的地方，但我们仍不能肯定地说他们可以代表人类在历史上的生活方式。不过，这些发现还是衍生出了一个有趣的问题：部落的生活方式中是否有什么可以保护人们免受抑郁症的影响？或者我们可以拿这个问题来问自己：生活方式中是否有什么会导致我们抑郁？

✹ 乡村生活

美国研究人员对生活在现代化程度不同的社会中的657名妇女进行研究，企图澄清这个问题。参与者由四组组成，其中一组生活在尼日利亚农村，一组生活在尼日利亚城市，一组生活在加拿大农村，还有一组生活在美国大都市。这些妇女被问到一长串问题，包括感觉如何，睡眠如何，是否难以集中注意力、感到疲惫、缺乏能量、不安或犹豫不决、自信心不足等。这些问题基于《精神障碍诊断与统计手册》（DSM）中的抑郁症标准而设计，该手册是精神病学诊断的圣经。

回答显示，社会现代化程度越高，人表现出的抑郁症症状越明显。尼日利亚农村妇女似乎比尼日利亚城市妇女有更好的心理健康状态，而后者又比加拿大农村妇女感觉更好。那些感觉最糟糕的是居住在美国大都市的妇女。这种现象在 45 岁以下的妇女中特别明显，但我们也必须对下结论持有谨慎的态度，因为无法确定这些妇女之间是否具有可比性。毕竟，我们是基于自己的需求来选择居住地的，那些有雄心壮志和感到焦虑的人更有可能从农村搬到曼哈顿，试图通过在纽约城的事业来代偿自己强烈的自尊心，于是城市很快就会充满焦虑的人。与此同时，农村里焦虑的人就会减少。因此，将随机选择的纽约居民与随机选择的美国以外地区的人进行比较，就好像将苹果与梨进行比较一样。在比较尼日利亚农村妇女和生活在尼日利亚大城市拉各斯的妇女时，研究人员也面临着相同的问题。那些具有某种特定个性特质的人倾向于搬到城市，而其他人则倾向于远离城市。

尽管研究人员指派了同一名精神科医生分析数据，以便以相同的方式解释美国、尼日利亚或加拿大参与者的答案，但语言方面的差异仍可能影响结果。此外，情绪表达方面也可能存在着文化差异。在一些社会中，人们将抑郁症症状描述为身体上的不适，可能说"背痛""灵魂受伤"。尽管有些表述未必准确，但结果依然是，欠发达国家的妇女至少不会比我们感受更糟。这意味着我们有理由相信，她们的生活方式中存在着可以抵御抑郁症影响的事物，后续我们也会对此展开探讨。

❋ 几十年来，当下的感觉最糟糕吗？

无论这些发现有多么令人振奋，我心里仍然觉得这些妇女的情况与此时此地我们的相去甚远。因此，我们接下来有必要看看现如今周围人的抑郁症发病率。在瑞典，近几十年来，抗抑郁药物的处方激增；今天，每八个成年人中就有一个需要服药。但瑞典的情况并非最严重的，在英国、冰岛和葡萄牙等国，这一数字甚至更高。在发达国家，各年龄段的抑郁症患者数都在以迅猛的势头上涨，这为之前的发现提供了佐证。

所以说人类的感受总体上是越来越糟的吗？对此，我们仍然不能确定。因为仅仅看有多少人服药是不够的。这个结果也可能是其他因素造成的，毕竟，人们变得更愿意寻求医疗帮助了，医生开起处方来也比过去更容易了。要解决这个问题，一个设想是，在不同的时间向大量随机的人群询问关于情绪低落和抑郁症状的相同问题，从而了解数十年来幸福感的变化。一项 60 万美国人参与的调查显示，2005 年至 2015 年，抑郁症在美国确实变得更加普遍，在青少年中，增长数字刚好超过 40%。

法国的一项研究显示，2005 年的抑郁症患者比 20 世纪 90 年代初多，但增长甚微。澳大利亚的一项综合研究显示，1998 年有约 6.8% 的公民患有抑郁症，而 2008 年这一数字为 10.3%，相当于 10 年间增加了 50%。然而，在审查 1997 年至 2012 年的研究结果时，德国研究人员发现 2012 年的抑郁症患者和 1997 年的一样多。在日本，据测算，2003 年至 2014 年，抑郁症患者的人数增加了 64%，然而，其主要原因是有更多患者去寻求帮助，所以确诊人数增加并不一定意味着更多的人患上抑郁症。世界卫生组织表示，2005 年至 2015 年，全球抑郁症患者人数增加，但你也必须牢记，在同一时期，世界人口增长了 13%。

我理解，一连串的数字和统计数据会令人困惑，毕竟我也有同感。这些研究并没有明确地指向同一结论：一些研究表明今天有更多人抑郁，而另一些认为差异不明显，或者即便增长了，势头也很弱。由于将不同时期的研究进行比较难上加难，得出的结论就更不确定了。毕竟，没有像血液测试、基因检测或 X 光检查那样确切的手段告诉人们某人是否患有抑郁症。此外，这些研究都基于对某人感受的调查，而与血液测试、基因检测或 X 射线成像不同，语言是在变化的。如果每隔 10 年问 1000 名瑞典人是否经常感到沮丧，他们的回答只能反映出"抑郁"在当时的含义，"抑郁症"在 20 世纪 70 年代的含义与今天的可能截然不同。我无需再回顾自己在 20 世纪 90 年代上高中时的情况，那时的"精神病学"这个词让我（相信还有很多人）联想到约束衣和软垫房，因此很多人不敢寻求心理帮助。现在，有更多的人探讨心理疾病是一件好事，但这也使得数据上的今昔对比变得困难。

试图挖掘出今天是否真的有更多的人患有抑郁症，似乎是一项无望完成的任务，但我并不打算放弃。在阅读了大量的研究、论文和报告后，我发现大多数进行得最充分、最细致的研究，使用的问题都是相对固定，不会随时间变化的，它们会对大量个体的客观症状进行衡量，总的来讲，除少女外，大部分群体的抑郁状态无甚明显代际误差。诸多迹象表明,正如我在"孤独"一章中讨论的,在过去10年中,抑郁症和焦虑症的患者数量实际上是上升了。

除此之外,我们无法说今天是否有更多的人比二三十年前更抑郁。相似的,还有注意缺陷多动障碍(ADHD)和自闭症的诊断——虽然确诊人数急剧上升,但如今患病的人数并不比以往多。有详尽的研究表明,确诊人数的变化并非意味着发病率在近几年才上升,可以说许多人在20年前就应该去做诊断。

然而,真正引人注目的是,抑郁症患者数量并没有减少!这是因为虽然现在的人比几十年前更积极接受治疗,但近年来医学的发展也非同寻常。我已经无数次提到,20世纪我们在治疗传染病方面取得了巨大的进步,医学的进步一刻也未曾停止。我们逐渐摆脱感染的威胁,而心脏病和癌症则开始夺取更多的生命,但在治疗这些疾病方面,人类也取得了巨大的进步。在瑞典,自21世纪初以来,心脏病发作的死亡率已经下降了逾50%。在20世纪80年代,40%的人在确诊心脏病后还能活10年;今天,这一数字已经是70%了,心脏病患者的寿命得到了有效延长。自1990年以来,全球平均预期寿命已增加了7年。在欧洲和日本,同一时期的平均预期寿命增加了5年。事实上,人类不仅仅增加了寿命,健康生活的时间也变长了。

经济和医疗的发展是相辅相成的。自20世纪90年代以来,瑞典的国民生产总值差不多增加了100%,这意味着财富已经增加了1倍。达成这点的并非只有瑞典,举几个例子:德国经济在1997年至2012年增长了80%,而美国经济在1990年至2018年几乎增长了2倍。但是,尽管近几十年来医学和经济有了奇迹般

尽管近几十年来医学和经济有了奇迹般的发展，我们的感受似乎没有任何改善。

的发展，我们的感受似乎没有任何改善。令人吃惊的是，多数人没有对此进行反思，因为大体上每种意识形态、宗教和政党的承诺都侧重于创造福祉，给我们更好的感受。如果你想知道经济与感受有什么关系，可以试着问一个顽固的资本家，为什么我们要为经济发展而烦恼。他会告诉你，这是为了让我们能够享受生活。如果你天真地反问我们为什么要享受生活，你会被告知，这是为了让我们能有更好的感受。但显然，我们并没有。我们拥有很多美好的事物，但实际上几乎感受不到快乐。

✿ 为什么我们步履不前？

尽管取得了各种进步，但今天的感受似乎并不比 20 年前好，这让人感到沮丧。无论在医学和经济方面取得怎样的进步，自己的感受都没有变化，这不免让人觉得为改变而做出的尝试毫无意义。但作为一名精神病学家，我拒绝相信这个事实。通过心理治疗、锻炼和药物治疗，已经有足够多的人从抑郁症和焦虑症中恢复过来，还学会了如何预防患病。这就是为什么我相信这绝不是毫无意义的！比较现在的感受与 20 年前、200 年前或 2 万年前的孰优孰劣当然很有趣，但真正重要的是我们此时此刻可以采取什么行动。

当然，我们不可能通过接种疫苗来消除所有的心理健康问题，我想既然已经读到了这里，你应该能明白其中的原因，但无论如何我们还是可以让自己开心一点。具体操作是个复杂的问题，必须从多个角度进行考虑。其中经常被遗忘的重要视角，也是苏兹曼、席费林等人充满矛盾的发现——尽管生活在艰难的环境中，但维持着原始狩猎采集生活方式的当代人患抑郁症的情况也并不常见。

他们生活方式中的某些事物保护着他们免于抑郁，相反，我们生活方式中的某些事物使我们更易抑郁。我相信，这些"事物"里最重要的是体育锻炼和与他人相处的时间。那些仍然过着狩猎采集者生活的人通常每天走1.5万至1.8万步，集中进行两三个小时的体力活动。他们之间也有很强的社会纽带，并且聚居在一起。这两个因素都能保护他们免受焦虑和抑郁的影响。

除此之外，他们很少吸烟，较少接触环境毒素，也不像我们那样吃很多加工食品。他们工作较少，生活在更平等的社会中。

❈ 如果……会怎样？

当然，我们很难去量化每个因素发挥的确切作用。但显而易见的是，体育锻炼和孤独感的减少起着重要的作用，在这方面，微小的改变就可以帮助许多人免于需要就医的境地。试想一下，如果我们多做一点运动，把每天的步数提高到1万步，多参加现实生活的聚会；如果每个不孤独的人每周抽出1个小时来帮助感到孤独的人，那时会发生什么？我们可以通过前文的研究粗略估算一下，研究人员计算出20%的抑郁症是孤独引起的，如果我们多做运动，又有12%是可以避免的。从全球的角度来看，这意味着抑郁症患者的数量可以减少1亿人。

除了降低抑郁症风险，我们还可能收获其他益处。能够活到西方世界退休年龄的当代狩猎采集者非常健康，超重和肥胖罕见，高血压也是，至于2型糖尿病，根本找不到患病的人。玻利维亚提斯曼部落的 80 岁成员的血管情况与 55 岁的西方人的相同。更加值得注意的是，没有人开药来降低他们的血压或血脂，没有人检查他们的血糖或邀请他们去做健康检查，他们甚至无法获得自来水和电力。

即使没有各种形式的医疗保健条件和最基本的设施，现代狩猎采集者的身体状况也特别好，他们的心理健康状况似乎也是如此。即使没有心理医生，没有抗抑郁药，大多数成年人至少失去了一个孩子，抑郁症也并不常见。我们或许可以设想一下，如果突然失去了所有医疗保健条件、抗抑郁药物和治疗机会，且大多数成年人失去一个孩子，西方人的身心健康会变成什么样子。

*

近 20 年的医生生涯让我意识到，在人类健康和幸福感方面，最大的成果往往不是通过大规模的研究或大量的精神类药物取得的。反而是一些老式的、低技术的手段，比如共享知识，激励人们多走路，或者多探访亲人，让人们获益更多。这一"规律"在经济方面也适用。精神病学家托马斯·英塞尔（Thomas Insel）领导美国国立卫生研究院 13 年，该研究院是世界上最大的精神病学研究资助者。他的领导为研究工作提供了令人难以置信的 200 亿美元资金。"当我回首往事时，我意识到，虽然我成功地发表了很多优秀的论文，但我不认为我们在降低自杀率与住院率、促进数以千万计的精神疾病患者康复的方面取得了进展。"英塞尔总结巨额投资的影响时说道。

我们可以开展世界上最精良的脑科学研究，归纳整理最前沿的专业知识，但如果不能改变我们的生活，那么它们就是没有意义的。要想维护身心健康，不仅要展望创新技术和研究结果，更要回顾进化史、分享知识。这些知识令我们对预防抑郁症和焦虑症有更深层次的理解，以此影响我们的行动，使我们免于需要就医的境地。我们无法倒退到原始生活，但我们可以从塑造人类的历史条件中汲取经验。

不过，如果人们的身体不是为了幸福而设计的，如果我们视为疾病的对象其实是防御机制，我们应该怎样做呢？面对生活中的正常情绪波动与疾病，我们该如何划定两者之间的界限？何时心情不好会演变成抑郁症？何谓胆怯，何谓社交恐惧？对此没有简单的答案，只有一个事实：如果生活被心理状态所限制，就应该寻求帮助。我们已经陆续降低了"应当承受的痛苦"的标准，这算得上一种进步，有更多的人选择寻求帮助并接受治疗，因而自20世纪90年代以来，自杀人数减少了30%。公开谈论精神疾病，可以拯救生命，减轻痛苦。我相信，我们的开放性会解决更多因抑郁而生的问题。但此举也不是毫无后顾之忧的，在下一章中，我们将详细讨论应该小心避免落入的陷阱。

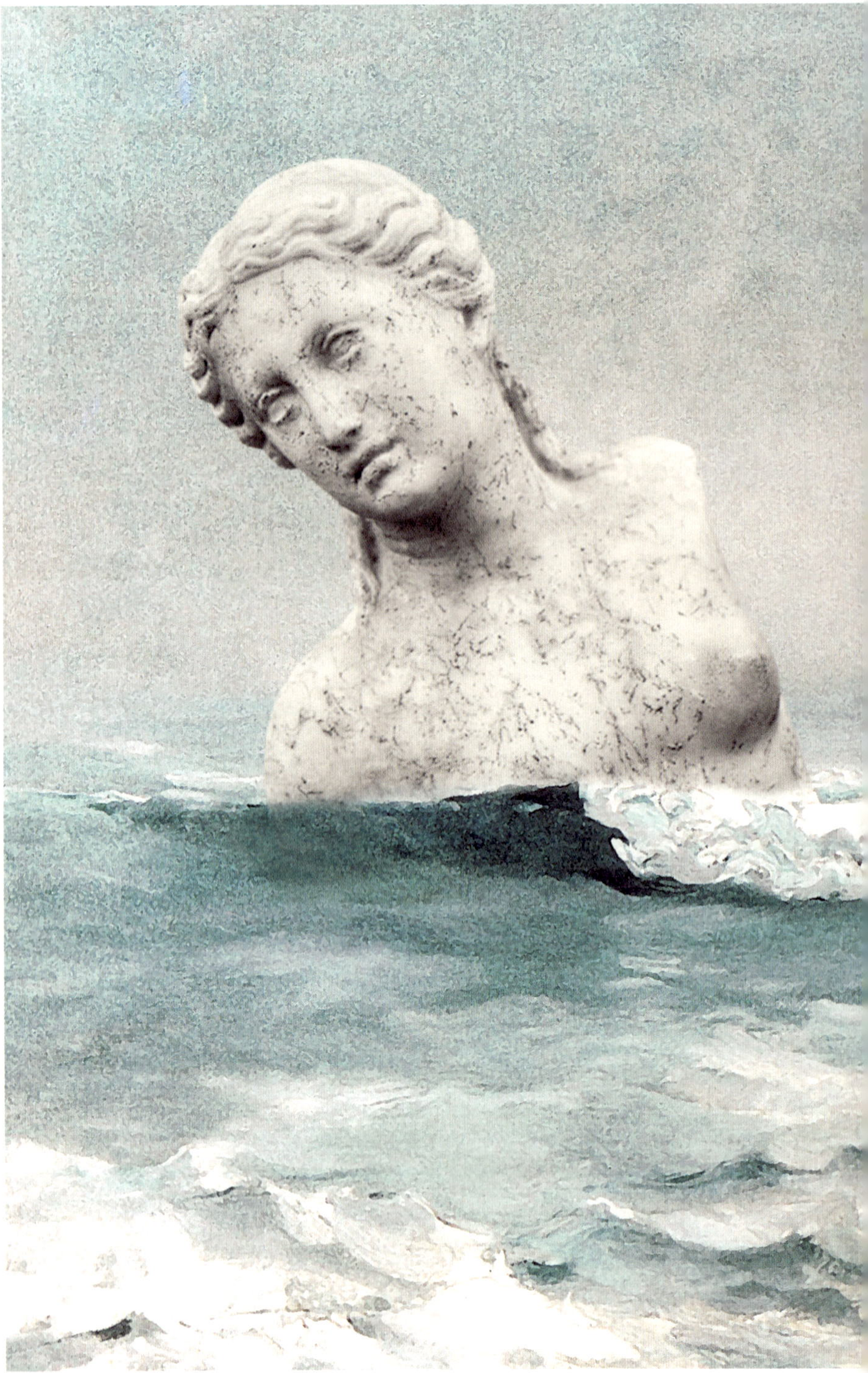

8. 宿命感

> 无论你认为你能还是不能,
> 你都是对的。
>
> ——亨利·福特(Henry Ford),企业家

我知道我早晚会变成这样,得抑郁症只是时间问题。我有好几个亲戚都得了抑郁症,我想我大脑中的 5- 羟色胺含量太少了。

我听很多患者说过类似的话。有些患者说自己缺乏 5- 羟色胺,有些患者说自己缺乏多巴胺,还有少部分说他们自身带有"坏"基因。虽然就我们所知,这种病症远远不是"5- 羟色胺含量太低"这么简单,但问题并不在于他们用了不恰当的生物学术语描述自己的抑郁症或焦虑症症状,而在于他们把自己的病症看作是命中注定的。

相信事情无法改变,相信事件不可避免,是我们人类的弱点,但也是一种非常自然的心理倾向。追忆自己的童年时,你可能会回想起一个与现今大不相同的世界——可能没有手机,没有互联网,甚至连电视也没有。但你是一个特例。对于历史长河中的绝大多数人而言,一生之内很难见证如此大的变化;即便足够幸运,寿终正寝,他们也会发现自己长大时的世界与变老时的世界往往相差无几。事实就是如此。我们的大脑,以及随之

发育的心智，已经适应了这样的事实数十万年，它们都预期我们周围的世界不会再改变。全球健康领域的杰出教授汉斯·罗斯林（Hans Rosling）将我们迷信万事"命中注定"的倾向称为"宿命感"。这种宿命感不仅使我们相信各大洲和国家会沿着既定轨道发展，还使我们误以为自己无法改变，将永远局限于既定的发展方向。当我们通过生物学角度看待自己的情感生活，比如"5-羟色胺过少""杏仁核或'坏'基因过于活跃"时，这种宿命感就极有可能渗入我们的思想。

✪ 失 控

假设你决定做一个基因检测。支付费用后，你在信箱里收到一个小包裹，里面有一根采样管，你用它采集自己的唾液，再寄回去。三周后，你收到一封电子邮件，通知你结果已经可以查询了。你不无惶恐地登录，发现你的 DNA 有 2.2% 来自尼安德特人，是你母亲那边的祖先——一个可以追溯到 1.1 万年前生活在中东的女人。她是你外祖母的曾曾曾曾曾曾（×420）祖母。尽管生活不会因此发生改变，但至少当你像我一样热衷于此时，它就是一件迷人的事情。你向下滑动到"健康风险评估"部分，发现自己"有超过 30% 的风险会患上心血管疾病"。这不是什么令人愉快的消息，但也并不出人意料，毕竟你父亲那边有许多亲戚都患有心脏病。

你现在面临的问题是，该如何处理刚刚收到的信息。你可以说你罹患心脏病的风险是基因决定的，无法改变。但对于很多风险因素，你是可以采取措施来规避的，比如决定确保每年做一次体检，在健身房办理会员，买几双跑鞋，清理储藏柜里的奶酪泡芙和饼干。如果你坚持健康的新生活方式，这项基因检测也许会使你逃过一次心脏病发作，从而帮助你延长几年寿命。

你继续看健康风险评估专栏，发现你酒精成瘾的风险也更高。这着实出乎意料，因为据你所知，你的家族中没人酗酒。但没人会仅仅由于基因问题而染上酒瘾——首先得喝酒，你可以规避这一点，比如把酒瓶里的酒倒进下水道，新年用不含酒精的气泡酒来庆祝。那么遗传风险就不会带来任何后果，简言之，它被清除了。但事情真有这么简单吗？恐怕没有。

在某项研究中，研究人员告诉参与者，他们携带某种基因，这增加了他们酒精成瘾的风险（可事实并非如此，参与者里没人携带这种特殊的基因）。这项研究的重点是，找出参与者在听说自己具有更高的酒精成瘾风险时会有什么反应。果然，被误导的参与者发现自己更难戒酒，他们开始将酒精问题视为不可避免的命运，宿命感在他们心中萌芽。

你的基因检测还显示，你患抑郁症的风险更高。就像心脏病和酒精成瘾一样，你可以说这是基因决定的，无法改变，但仍有些因素是你可以应对的，比如锻炼身体，注重睡眠，避免过度的压力，并花更多时间陪伴亲朋好友。在这种情况下，这些信息可能让你免于抑郁。

鉴于我们意识到自己有嗜酒的遗传风险时会更难戒酒，关于抑郁症遗传风险的信息似乎也会影响我们对自身恢复力的判断。当研究人员告诉抑郁症患者，抑郁症是由他们大脑中的某些物质引起的，这些人就会更消极地看待自身康复的可能。他们不再相信自己有能力管理好个人情绪，认定自己需要更多的时间来恢在某个时期特别焦虑，并不意味着你会一直如此。

复。"我的大脑出了问题，我做什么都没用"，这是他们的逻辑。他们相信最好的治疗方法是药物治疗。在一群患有广泛性焦虑障碍的病人身上也出现了同样的现象。当有人向他们解释，他们的焦虑是 5- 羟色胺太少引起的，他们会觉得自己更难以摆脱焦虑 —— 宿命感占据了上风。

从生物学角度看待焦虑、抑郁和成瘾现象，强调基因和异常的神经递质的作用，会令人们认为这些问题是不可避免的，最糟糕时甚至会成为自证预言，一语成谶。当我们用多巴胺、5- 羟色胺或杏仁核来描述个人的心理世界时，我们会认为这些物质是一成不变的。

这听起来可能很令人绝望 —— 当我们意识到自身的负面情绪有着生物学的根源，宿命感会加重这些负面情绪。不过有一种有效的解药，那就是知识。在我前文提及的那项研究中，研究人员为参与者播放了一段视频，解释尽管基因确实影响我们患抑郁症的风险，但它无法决定我们是否会患抑郁症。视频强调，大脑更像是塑形的泥土而非瓷器，它是可改变的，是可塑的，它的运转模式取决于我们的生活方式，睡眠时长，锻炼强度；是否长期处于不可预测的压力下，是否约见朋友或接受治疗……许多因素都会影响大脑的运转。这段视频很有教育意义，展示了运动等事物如何影响大脑的化学反应，甚至如何改变脑细胞中基因的作用方式。看完视频后，参与者不再那么悲观了，突然觉得自己摆脱抑郁症的机会增加了。也许你认为这段视频并不科学，而且充满了夸张的成分，可其实不然，它展示的是最新的知识，并非冗长的催眠影片，而是优兔网上一段时长 7 分钟的视频。

✲ 对于知识的了解才是解决方案

我们正处于一场科学革命之中。随着时间的推移，我们越来越多地了解了大脑如何构建我们的精神世界和感受，同时也了解了大脑如何被DNA和外部环境所塑造。从医疗保健到社会福利再到教育等各个方面，知识都有着巨大的影响，同时我们要留意，在传播知识时不能对人造成伤害。遗传学和脑科学研究并非指向必然，而是一种可能。但问题是人类常常走向非黑即白的误区，而忽略了中间的灰色地带。"抑郁症风险高"并不等于"确诊抑郁症"，但人们往往将二者等同看待。

尽管脑科学研究飞速发展，但大脑实际上并未有任何改变，基本上是万年不变的，因此我们害怕蛇和蜘蛛而非香烟和汽车，并认为世界是静态的、不可动摇的。也因此，虽然有大量关于我们"引擎盖"下的大脑如何运作的医学发现，但我们却不得不派自己"不中用"的大脑去解读，显然它无法很好地解读医学研究文章中的统计数字。为了防止这些大脑的新知识令我们更信奉生物学概念而非自我实际感受，我们要学会科学思考。这需要练习，但实际操作并不难。在观看了上节提及的那段内容丰富、长达7分钟的视频后，参与者对自己处理情感生活的能力有了更大的信心，看完短片后，这种信心一直持续了6周。

换句话说，知识就是解决方案。我们可以在不知道大脑为何如此运转的情况下，知悉它在如何运转着。大脑在不断适应高度不稳定的外部环境。通过告诉自己大脑最重要的任务是助力生存，我们可以意识到，所谓的轻度精神疾病并不意味着我们真的病了，更达不到崩溃的地步。

✹ 诊断书中的你并非真实的你

如果要找出一个最能区别人类和其他动物的品质,那我们讲故事的天赋是不错的答案。我们的大脑一直在试图为我们所经历的事情找到一个解释,并不断地编排故事,使事情合理化。它特别热衷于搜寻能让我们的生活合乎逻辑、便于理解和可以预测的故事。

在工作中,我偶尔会遇见精神障碍诊断引发的类似情况:某些人认可他们的诊断结果,并开始将自己视为"病人",诊断书赋予他们另外一种身份,而这种看待自我的方式可能会一语成谶,让人产生宿命感,多么令人叹惋!每当遇到这样的病人,我都会向他们解释,焦虑和抑郁是大脑正常运转的标志。此外,每一个经历过重度焦虑症和重度抑郁症的个体都是不同的,情况的复杂程度远超过任何诊断书所能解释的范围。诊断书并不能说明你的一切情况,诊断书中的你并非真实的你。我通常还会指出,人的感受也会变,且理应如此,否则感受就毫无意义,这同样适用于那些更加消极的感觉。在某个时期特别焦虑,并不意味着你会一直如此。

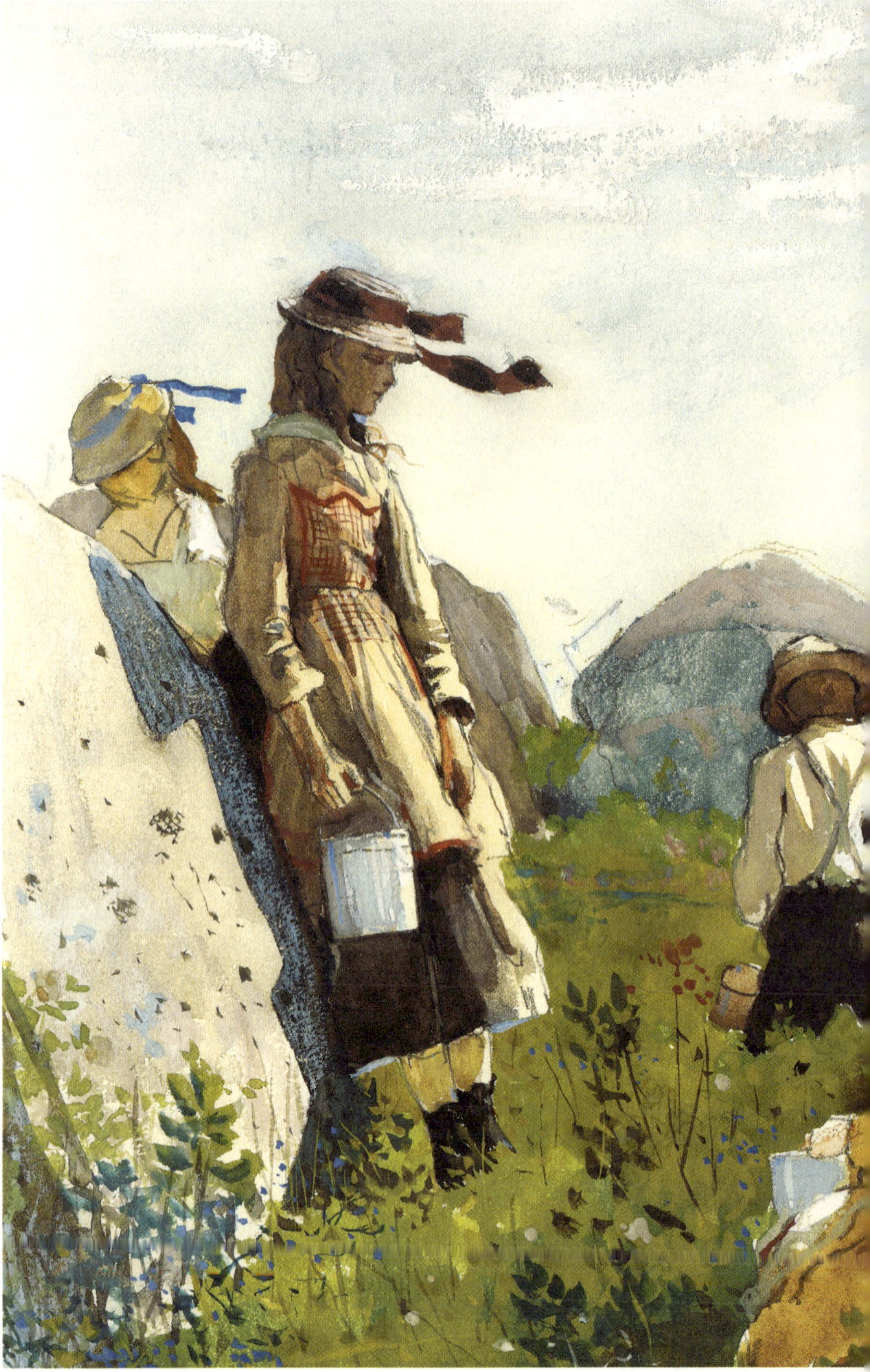

9. 幸福的陷阱

大脑不会一味做出反应，它们会提前预测。

——莉莎·费德曼·巴瑞特，神经科学家

到目前为止，我们用了几乎一整本书的篇幅来探讨为什么大脑的发展无法让人感到良好，反倒不断地令人做出最坏的打算，比如焦虑；并偶尔以退缩作为自我防御机制，比如抑郁。因此，现在是时候扭转局面，找出可以让我们快乐的事情了。尽管学术界对这个问题越来越感兴趣（该新兴的研究领域被称为积极心理学），而且"幸福"是少数几个谷歌点击量（9.02亿）超过"焦虑"的词汇之一，但我们仍然很难界定幸福的实际意义。

许多人将幸福等同于感觉良好。他们认为幸福是一种持续的快乐和满足感，而在研究中，幸福通常被定义为我们对生活走向的满意程度。这样一来，幸福可以被看成一种长期的目标，而非持续的状态。如果你认可这个定义，并想竭尽全力去获得幸福，那么我认为最好的做法就是忽略幸福。彻底忘掉它！我们越不关心它，我们就越有机会拥有它。

要知道，大脑不喜欢等待和观察，它试图预测即将发生的事情，然后将实际发生的事情与预期进行对比。例如，假设你打算踏入家里的浴室，在这样做之前，你的大脑便已经提取了相关记忆，并将之激活。而激活的方式反映了它所期望找到的感官印象。当你踏入浴室时，你所看到的、听到的和感觉到的都与你的预期有所对照。如果大脑的预测与这些印象相符，你就不会有特别的反应，可一有偏差，你就会立即停下。

我们的生活是由一连串无休止的对照组成的，无论是大事还是小事，大脑都会根据自己的预测来判断实际发生的事情。2021年春天，当英国老年人被问及他们的身体健康状况时，认为自己健康状况良好的人的比例比起前一年有所提升。然而，并没有多少迹象表明这些人的健康状况在2020年——疫情之年中得到了实际改善。相反，我们有充分的理由怀疑他们的健康状况已经恶化。因为在英国有超过10万人死于新型冠状病毒感染，而且卫生系统非常紧张，除了最紧急的护理外，其他医疗资源也比平时更紧缺。那为什么他们还会感觉自己更健康呢？一个可能的解释是，鉴于每天都有与疾病和痛苦相关的信息出现，他们把"健康"的标准降低了。随着媒体不断报道重症监护室和太平间负担过重的消息，他们不再认为背部疼痛、膝盖酸痛或反复发作的头痛是什么大问题了。大脑根据生活经验做出的预测已经发生了变化，他们对自身健康的看法也随之改变了。

故而，神经生物学上的天性使我们将所经历的一切与自己的期望进行比较，而不是客观看待所发生的事情。这听起来可能很稀松平常，但往往被人忽视。在我学习经济学时，教授经常会在开课时说："人类是一种理性的生物，总是喜欢多而不喜欢少。"作为一名医生和精神病学家，我意识到这是完全错误的，我们并非喜欢多而不喜欢少，我们只是更希望自己拥有的比身边人多，我们评价自己生活是否顺利时总会参考其他人的生活状态。你可能一直对自己的奥迪车很满意，直到看见你的邻居开着新特斯拉。

我们已经进化到，
会将所有的经历与我们的期望
相比较，这就是为什么我们
不应该费力地追求幸福。

✿ 一种不切实际的状态

我们已经进化到，会将所有的经历与我们的期望相比较，这就是为什么我们不应该费力地追求幸福。正如你之前所读，幸福的感觉应该是短暂的，否则它们就无法实现"激励"这一重要功能。大脑根据从身体和周围环境接收到的信息，不断更新我们的情绪状态。从大脑的角度来说，锁定一个积极的情绪状态，让我们一直感觉很棒，是不切实际的，就像期望吃了厨房料理台上的水果，你这一辈子都不会再饿一样。我们的身体并非那样构造的，但我们受骗产生了那样的想法。

2015年，可口可乐公司发起了大范围的营销活动。这个饮料巨头不再鼓励我们"分享可乐"，而是鼓励我们"选择幸福"。这向数十亿人传递了一条信息，幸福是由我们选择的，而且，我们不仅能够幸福，也应该幸福。可口可乐并不是唯一试图将其产品与不切实际的情绪状态扯上关系的品牌。还有好几个例子："幸福生活"（家庭保险），"幸福从这里开始"（芥末），"分享幸福"（食物），"帮助自己获得幸福"（餐馆）和"幸福时刻"（乳制品）。这些广告语都有一句相同的潜台词：幸福是一串无尽的快乐体验，是我们所选择的。如果我们感到不幸福，那就是哪里出了问题。

在这类广告语、书籍、课程以及9.02亿次的谷歌点击量的影响下，我们意识到自己可以，也应该快乐，也就是每天都该感受良好。因此，大脑将主观体验与一个实际上无法达到的目标相对应，但持续感到幸福并非人类的自然状态。如果我们满脑子想着那些沐浴在热带日落中快乐、有吸引力、外表亲切的人，便也会期望自己和他们一样。当我们的内心发现这一期望无法达成时，失望感便油然而生。因此，我们从广告中得知的、极不现实的幸福形象有可能使我们不快乐。这并非一种推断。

在实验中，如果参与者在观看喜剧前读过一篇颂扬幸福的文章，那么看完电影后他们的幸福感会比那些读了无关幸福的文章的人低。一种可能的解释是，关于幸福的文章提高了参与者的期望值，使他们随之希望电影会令人捧腹大笑。当它没有像人们希望的那样搞笑时，人们就会失望。没有了预期，我们就会把标准降低，而接下来的经历就会符合我们的预期，甚至超出它。

有趣的是，有研究表明，一个国家每年花在广告上的钱越多，两年后居民对自己的生活就越不满意。这难免让人怀疑，广告是否使我们将情感生活的期望值设置得不切实际，从而引发失望和不满。一个更现实也更积极的广告语或许应该是"有时感到沮丧也是可以的"，但它可能无法给汽水、芥末或家庭保险带来更好的销量。

我们付出的努力越多，成功的机会就越大，而幸福则似乎相反。与我们努力争取的大多数事情都不同，我们越追求幸福本身，就越有可能让它从我们的指尖溜走。因此，我认为要想追求幸福，最好对所有空洞的广告信息充耳不闻，当你在文章、书籍或优兔网看到这些内容时，最好选择放下或关掉它们。

但是，除了忽视幸福外，就没有其他办法来获得幸福了吗？对于这点，我犹豫不决，一部分原因是，对我有用的东西未必适用于其他人，还有一部分原因是，所有的建议都是一次性的，缺乏后续的完善和调试机制。但倘若我必须站在这个角度说点什么，那便是提醒大家现代社会最危险的误解——幸福是由无尽的快乐体验组成的。

诚然，我们不知道祖先是如何看待幸福的（"幸福"这个词可以追溯到 14 世纪，最初的意思是"幸运"），但在非洲大草原上游荡的狩猎者一定难以相信，追求无穷的快乐体验能赋予生命意义。纵观几乎整个人类历史，我们现在的幸福观是如此荒谬，甚至对祖先来说都算不上是一种愿景。我们痴迷于幸福，认为幸福等同于无尽的快乐，这种错误观念其实只持续了几代人，但当大多数人对其他概念一无所知时，我们就无法通过比较得知，现在的幸福观有多奇怪和不切实际。

对我来说，幸福不是在玫瑰花丛跳一场无拘无束的舞蹈，也不是把所有所谓的不适降到最低。同时，我是个唯物主义者，也知道如果我声称舒适和物质因素不重要，便是在撒谎。对于包括我在内的几乎所有人，这两点毫无疑问都是重要的。关于幸福，我听过的最有建设性的定义是，它结合了积极的经历和对自己更深层次的了解，人们洞察自己擅长什么，以及如何利用这些品质来帮助自己和他人，从而成为更好的自己。对大多数人来说，当他们沉浸在努力的过程中，而非一心向往目的地时，"幸福的奖励"才会真正降临，也是通过这个途径，他们将获得难以言表的幸福。

总之，幸福不应该被看作是目标本身，而应被视为一种背景状态。当我们了解什么对生活是重要的，并以此为基础去生活；当我们成为对自己和他人有意义的人时，幸福就会到来。这对我们大多数人都奏效并不足为奇。毕竟，人类的生存一直依赖于合作能力。我们的祖先正是因为合作才在大自然的考验中幸存下来。我们之所以能成为地球的主人，并不是因为我们最强壮、最快或最聪明，而是因为我们最善于合作。

这就是为什么强烈的孤独感如此困扰我们。当奥地利精神病学家、神经学家维克多·弗兰克尔（Viktor Frankl）被问及他如何设法振作精神力量，在 4 个集中营（包括奥斯威辛集中营）中幸存下来时，他引用了哲学家弗里德里希·尼采（Friedrich Nietzsche）的话："一个人知道自己为什么而活，就可以忍受任何一种生活。"称得上生活目标的事物，可能和全世界的人数一样数不胜数，但至少我们可以肯定，持续的快乐不是其中之一。所以，请不要追逐幸福。幸福是一种副产品，当你停止思考与之相关的事情，转而专注于有意义的事情时，它就会出现。

结　语

那件事我还记得，仿佛就发生在昨天。那是我在医学院就读的第二个学期，房间里很冷，空气中弥漫着奇怪的刺鼻气味，背后的风扇在呼呼作响。当我低头看手中的东西——人类的大脑时，解剖室仿佛消失了。我想，都在这了，这个84岁的老人所经历的一切。他所有的记忆，所有的感受，他生命中的每一刻，从摇篮到坟墓，都在他自己从未见过的东西，也就是我的掌中之物里一幕幕上演过。我手上拿着的基本上就是一个人所认为的"自我"。当我意识到我也有一个大脑，它也包含了我所经历的一切时，我不寒而栗。我第一天上学的时候，穿着一件令人发痒的埃米尔衬衫，20岁的我在夏慕尼滑雪时差点发生意外，甚至我手中曾拿着84岁老人大脑的事情，都在我脑中重演！

我的整个人生都在一个仅有1公斤重的，如一堆被压扁的香肠一样的器官里上演，这种想法不禁让人痴迷。尽管我花了大量的时间，却仍然无法理解其中的奥妙。但是那天我所学到的最重要的事情是，大脑就是一个器官，这也是后来我每天都会提醒自己和病人的事情。而且，就像解剖室桌子上的其他器官一样，大脑只被用来执行一项任务：生存。

大脑的存在不是偶然，它并没有向我们展示世界的本来面目，它不会让我们记得事情实际发生的样子，也不会让我们看到自己真实的面貌。且远不止这些！大脑会改变我们的记忆，它从最坏的情况出发，预设灾难情景，有时还会愚弄我们，让我们以为自己比实际上更有能力，更有社会地位，而有时又让我们认为自己毫无价值。从现实角度看，它不过是一台漏洞百出的生存机器，但如果从进化的角度来看，这些漏洞往往是聪明之处。

因此，大脑并非被动的转换器，这一点可能令医生和研究人员产生兴趣，但那些对自己大脑运作不感兴趣的人则可以忽视它。同时，不能将大脑视为孤立运转的，它是身体的一部分，身体是一个复杂而动态的系统，大脑控制且接收信息，任何预示着威胁、感染风险、被孤立或机能下降的信息都会使大脑产生不适感。正是这些感受引发了特定行为，而这些行为提高了人类几十万年来（也包括现在）在各种条件下的生存概率。如果我们认为焦虑、抑郁和逃避的感觉意味着大脑罢工或生病，则说明我们忘了它的主要功能是生存。

"都是脑子里的事"，人们经常这样描述抑郁症和焦虑症。在我的成长过程中，这句话的意思往往是"你应该振作起来"。我怀疑过是否真有人觉得这句话有用。但是后来，"都是脑子里的事"变成了"大脑里的5-羟色胺太少"。虽然这作为人们不再轻视病症的表现，是个进步，但它有可能使糟糕的情况变为现实。现在我们该把"都是脑子里的事"说成"都是大脑和身体的事，这是它们正常工作的标志"。

为何生活条件明明很好，我们的感受却非常糟糕？我认为原因是我们忘记了自己也是生物。我写这本书是为了提醒大家注意我们作为生物的本质，并通过揭开我们的"引擎盖"，看看我们灵魂引擎的内部，以及我们的情感生活是如何被塑造的。然而，作为探讨人类幸福这一重大问题的书，在组织上必须有所取舍，为此，我有意识地将重点放在了生物学和大脑上，而没有深入讨论社会层面的解释。不是因为阶级分化、排他主义、公平缺失和失业问题不重要，而是因为我们容易忽视生物学本质。

除了强调对我们的情绪有影响的两个关键部分，即保持运动和避免孤独，我没有给出过多提示或建议。相反，我试图提出一种观察自己和自身情感生活的方法，希望能抛砖引玉，使你得出与自己有关的重要结论——这些结论不那么夸张，而且能给你宽慰。此外，我还是想提供一些建议，所以在下一部分，我总结了从大脑视角看待自己的10个最重要的建议。

后　记
我的 10 条建议

你是一个幸存者。我们不是为了健康或幸福而活，而是为了生存和繁衍。总希望感受良好是一个不现实的目标。我们的身体不是这样构造的。

感受会影响行为，且会发生变化。感受是大脑将内部活动与周围发生的事情结合生成的。身体的内部状态对感受所起的作用比大多数人想象的要多。

焦虑和抑郁往往是防御机制。它们是人类天性中正常的一部分，并不意味着你受到伤害或生病了，与你性格中的缺点完全无关！

记忆是，且应是可变的！在感到安全的环境中宣泄不愉快的记忆，可使记忆逐渐变得不那么具有威胁性。

睡眠不足、长期压力、久坐不动的生活方式以及在社交媒体上过度关注他人修饰过的照片，会令大脑发出信号，将其解释为紧迫的危机或个人缺陷。大脑的应对方式是告诉你逃避，并使你感到情绪低落。

体育运动可以防止抑郁症和焦虑症。 你的身体是为运动设计的，现在我们锻炼得太少了。不过，懒惰是正常的！

孤独会导致一系列疾病，但微小的举动可以带来显著的变化。 从健康的角度来看，几个亲密的朋友也许能胜过大量点头之交。

基因固然重要，但环境往往更甚。 不要认为"遗传的，是不可改变的"。你的生活方式会影响大脑运作。

忘记幸福吧！ 期待一直幸福既费力又不切实际，而且会产生相反的效果！

最重要的是，如果你感到内心不适，应寻求帮助。 这与肺炎和过敏一样，是十分正常的。能够帮助你的人就在身边，你并不孤单。

致　谢

这本书的构想源自《P1之夏》(Summer in P1)电台节目的录制。我的节目很受欢迎,于是我决定将它整理成册。但是如果没有一些人的帮助,这本书永远也无法诞生,在此我要向一些人表示衷心的感谢。

邦尼出版社的塞西莉亚·维克兰德和安娜·帕尔亚卡,你们总是鼓励我,为我提供建设性的反馈,并教会我键盘上最重要的是"删除键"。埃里卡·斯特兰·贝里隆德,感谢你的奉献精神和精准无误的修改提示,这些给了我很大的帮助。丽萨·扎克瑞森,感谢你美妙的插画,对我来说,创作这本书最美妙的部分就是看你将我所写转化成图画。夏洛特·拉尔森、索菲亚·赫林和邦尼出版社的所有人,感谢你们把书送到瑞典读者手中;费德里科·安布罗西尼、基米亚·卡维亚尼、亚当·托尔比约恩松、伊琳·恩隆德和所罗门松出版社的诸位,感谢你们把书送到其他国家的读者手中。

我还要感谢另一些人,他们以各不相同的重要方式为本书做出了贡献,下列名单没有排名先后之分。卡尔·约翰·桑德伯格、古斯塔夫·索德斯特伦、乔纳斯·彼得森、奥托·安卡克鲁纳、马茨·索伦、安德烈·海因茨、西蒙·基亚加、塔希尔·贾米尔、瓦尼亚·汉森、比约恩·汉森、德西雷·杜蒂纳、马丁·洛伦松、尼克拉斯·尼伯格、庞特斯·安德森、达芙娜·肖哈米、卡尔·托比森、马林·斯约斯特兰、安德斯·瓦伦斯坦以及瑞典国家图书馆的工作人员，感谢你们！

最后我要向所有读者表示最大的感谢，读者的体验与反馈对我来说比任何销售数字都更有意义。

图片版权

本书图片来自公共领域的 Rawpixel：

目录 —— Robert John Thornton (1807)

1. 我们是幸存者 —— Henri Rousseau (1894)
2. 我们为何产生感受？—— Vassily Kandinsky (1913)
3. 焦虑与痛苦 —— Vassily Kandinsky (1922)
4. 抑郁症 —— Edvard Munch (1902)
5. 孤　独 —— Ernst Ludwig Kirchner (1930)
6. 体育锻炼 —— John Cameron (1894)
7. 我们的感受是否比以前更糟糕了？—— Henri Rousseau (1909) and Edvard Munch (1895)
8. 宿命感 —— Winslow Homer (1895) and sculptures from antiquity
9. 幸福的陷阱 —— Winslow Homer (1873)

参考文献 —— Ambrosius Bosschaert (1606)

参考文献

序言 生活如此美好，为何我们会感到如此糟糕？

World Health Organization, 'Depression and other common mental disorders: Global Health Estimates,' 2017. Licence: CC BY-NC-SA 3.0 IGO.

World Health Organization, 'Depression statistics', 13 September 2021. https://www.who.int/news-room/fact-sheets/detail/depression.

2. 我们为何产生感受？

Diamond, J, *The Third Chimpanzee: The Evolution and Future of the Human Animal,* Hutchinson Radius, London, 1991.

EurekAlert!, 'Penn researchers calculate how much the eye tells the brain', 26 July 2006.

Feldman Barrett, Lisa, *How Emotions are Made: The Secret Life of the Brain,* Mariner Books, Boston, 2017.

Gozzi, A et al., 'A neural switch for active and passive fear', *Neuron*, Vol. 67, issue 4, 2010, pages 656–666. DOI: 10.1016/j. neuron.2010.07.008.

3. 焦虑与痛苦

Bai, S et al., 'Efficacy and safety of anti-inflammatory agents for the treatment of major depressive disorder: a systematic review and meta-analysis of randomised controlled trials', *Journal of Neurology, Neurosurgery & Psychiatry*, Vol. 91 issue 1, 2019, pages 21–32. DOI: 10.1136/jnnp-2019-320912.

Burklund, L et al., 'The common and distinct neural bases of affect labeling and reappraisal in healthy adults', *Frontiers in Psychology* 5:221, 2014. DOI:10.3389/fpsyg.2014.00221.

Chippaux, JP, 'Epidemiology of snakebites in Europe: A systematic review of the literature', *Toxicon,* Volume 59, Issue 1, 2012, pages 86–99.

Crocq, M, 'A history of anxiety: from Hippocrates to DSM', *Dialogues in Clinical Neuroscience,* Vol. 17, issue 3, 2015. DOI: 10.31887/DCNS.2015.17.3/macrocq.

Hariri, A R et al., 'Neocortical modulation of the amygdala response to fearful stimuli', *Biological Psychiatry,* Vol. 53 issue 6, 2003, pages 494–501. DOI: 10.1016/s0006-3223(02)01786-9.

Nesse, R, *Good Reasons for Bad Feelings: Insights from the Frontier of Evolutionary Psychiatry,* Dutton, Boston, 2019.

WHO, ed., 'Deaths on the roads: Based on the WHO Global Status Report on Road Safety 2015' (PDF) (official report). Geneva, Switzerland: World Health Organization (WHO), 2015. Retrieved 26 January 2016.

4. 抑郁症

Gurven, M et al., 'A cross-cultural examination', *Population and Development Review,* Vol. 33 issue 2, 2007, pages 321–365. DOI: 10.1111/j.1728-4457.2007.00171.x.

Andrew, PW et al., 'The bright side of being blue: Depression as an adaptation for analyzing complex problems', *Psychol Rev.*, July 2009; 116(3): 620–654. DOI: 10.1037/a0016242.

Bai, S et al., 'Efficacy and safety of anti-inflammatory agents for the treatment of major depressive disorder: a systematic review and meta-analysis of randomised controlled trials', *Journal of Neurology, Neurosurgery & Psychiatry,* Vol. 91 issue 1, 2019, pages 21–32. DOI: 10.1136/jnnp-2019-320912.

Bosma-den Boer, MM et al., 'Chronic inflammatory diseases are stimulated by current lifestyle: how diet, stress levels and medication prevent our body from recovering', *Nutrition & Metabolism,* Vol. 9 issue 1, 2012. DOI:10.1186/1743-7075-9-32.

Eurostat, 'Statistics explained. Cancer statistics', August 2021.

now killing us, Little Brown, New York City, 2015.

Gruber, J, 'Four Ways Happiness Can Hurt You', May 2012.

Gurven, M et al (2007), "Longevity among hunter-gatherers: a cross cultural examination." Population and Development review.

Husain, MI et al., 'Anti-inflammatory treatments for mood disorders: Systematic review and meta-analysis', *Journal of Psychopharmacology*, Vol. 31 issue 9, 2017, pages 1137–1148. DOI: 10.1177/0269881117725711.

Jha, MK et al., 'Anti-inflammatory treatments for major depressive disorder, what's on the horizon?', *The Journal of Clinical Psychiatry*, Vol. 80 issue 6, 2019. DOI: 10.4088/JCP.18ac12630.

Quan, N and Banks, WA, 'Brain-immune communication pathways', *Brain, Behavior, and Immunity*, Vol. 21, issue 6, 2007, pages 727–735. DOI: 10.1016/j.bbi.2007.05.005.

Raison, CL and Miller, AH, 'The evolutionary significance of depression in Pathogen Host Defense (PATHOS-D)', *Molecular Psychiatry*, Vol. 18 issue 1, 2013, pages 15–37. DOI: 10.1038/mp.2012.2.

Riksarkivet (The Swedish National Archives), 'TBC och sanatorier (TB and Sanatoria)'.

Straub, R, 'The brain and immune system prompt energy shortage in chronic inflammation and ageing', *Nature Reviews Rheumatology,* Vol. 13 issue 12, 2017, pages 743–751. DOI: 10.1038/nrrheum.2017.172.

Wium-Andersen, MK et al., 'Elevated C-reactive protein levels, psychological distress, and depression in 73,131 individuals', *JAMA Psychiatry*, Vol. 70 issue 2, 2013, pages 176–184. DOI: 10.1001/2013.jamapsychiatry.102.

Wray, NR et al., 'Genome-wide association analysis identifies 44 risk variants and refine the genetic architecture of major depressive disorder', *Nature Genetics*, Vol. 50, issue 5, 2017, pages 668–681. DOI: 10.1101.167577.

5. 孤 独

Berger, M et al., 'The Expanded Biology of Serotonin', *Annual Review of Medicine,* Vol. 60, issue 1, 2018, pages 355–366. DOI: 10.1146/annurev.med.60.042307.110802.

Cacioppo, J et al., 'The growing problem of lonelines', *Lancet,* Volume 391, issue 10119, 2018, page 426.

Cole, SW et al., 'Myeloid differentiation architecture of leukocyte transcriptome dynamics in perceived social isolation', *Proceedings of the National Academy of Sciences,* Vol. 112 issue 49, 2015, pages 15142–15147. DOI: 10.1073/ pnas.1514249112.

Cruwys, T et al., 'Social group memberships protect against future depression, alleviate depression symptoms and prevent depression relapse', *Social Science & Medicine,* Vol. 98, 2013, pages 179–186. DOI: 10.1016/ j.socscimed.2013.09.013.

Dunbar R et al., 'Social laughter is correlated with an elevated pain threshold', *Proceedings of the Royal Society B*, Vol. 279, issue 1731, 2001, pages 1161–1167. DOI: 10.1098/ rspb.2011.1373.

Dunbar, R, *Friends - Understanding the Power of Our Most Important Relationships,* Little Brown, London, 2021.

Folkhälsomyndigheten (The Public Health Agency of Sweden), 'Skolbarns hälsovanor – så mår skolbarn i Sverige jämfört med skolbarn i andra länder (Health practices of schoolchildren – how schoolchildren in Sweden feel compared to schoolchildren in other countries)', 19 May 2020.

Kahlon, M et al., 'Effect of Layperson-Delivered, Empathy-Focused Program of Telephone Calls on Loneliness, Depression, and Anxiety Among Adults During the COVID-19 Pandemic. A Randomized Clinical Trial', *JAMA Psychiatry,* Vol. 78, issue 6, 2021, pages 616–622. DOI:10.1001/ jamapsychiatry.2021.0113.

Keles, B et al., 'A systematic review: the influence of social media on depression, anxiety and psychological distress in adolescents', *International Journal of Adolescence and Youth,* Vol. 25, issue 1, 2019, pages 79–93. DOI: 10.1080/02673843.2019.1590851.

Masi, C et al., 'A Meta-Analysis of Interventions to Reduce Loneliness', *Personality and Social Psychology Review,* Vol. 15, issue 3, 2010, pages 219–266. DOI: 10.1177/1088868310377394.

McPherson, M et al., 'Social Isolation in America: Changes in Core Discussion Networks over Two Decades', *American Sociological Review,* Vol. 71, issue 3, 2006, pages 353–375. DOI: 10.1177/000312240607100301.

Meltzer, H et al., 'Feelings of loneliness among adults with mental disorder', *Social Psychiatry and Psychiatric Epidemiology,* Vol. 48, issue 1, 2012, pages 5–13. DOI: 10.1007/s00127-012-0515-8.

Mineo, L, 'Good genes are nice, but joy is better', *The Harvard Gazzette,* 11 April 2017.

Ortiz-Ospina, E, 'Is there a loneliness epidemic?', *Our World in Data,* 11 December 2019.

Provine, RP, Fischer, KR, 'Laughing, smiling, and talking: relation to sleeping and social context in humans', *Ethology,* Vol. 83, issue 4, 1989, pages 295–305. DOI: 10.1111/j.1439-0310.1989.tb00536.x.

Tomova, L et al., 'Acute social isolation evokes midbrain craving responses similar to hunger', *Nature Neuroscience,* Vol. 23, 2020, pages 1597–1605. DOI: 10.1038/s41593- 020-00742-z.

Trzesniewski, K et al., 'Rethinking Generation Me: A Study of Cohort Effects From 1976–2006', *Perspectives on Psychological Science,* Vol. 5, issue 1, 2010, pages 58–75. DOI: 10.1177/1745691609356789.

Wells, Horwitz & Seetharaman, 'The Facebook files. Facebook Knows Instagram Is Toxic for Teen Girls, Company Documents Show', *Wall Street Journal,* 14 September 2021.

6. 体育锻炼

Babyak, M et al., 'Exercise treatment for major depression: maintenance of therapeutic benefit at 10 months', *Psychosomatic Medicine,* Vol. 62, issue 5, 2000, pages 633–638. DOI: 10.1097/00006842-200009000-00006.

Bridle, C et al., 'Effect of exercise on depression severity in older people: systematic review and meta-analysis of randomised controlled trials', *The British Journal of Psychiatry: The Journal of Mental Science,* Vol. 201, issue 3, 2018, pages 180–185. DOI: 10.1192/bjp.bp.111.095174.

Choi, KW et al., 'Assessment of Bidirectional Relationships Between Physical Activity and Depression Among Adults: A 2-Sample Mendelian Randomization Study', *JAMA psychiatry,* Vol. 76, issue 4, 2019, pages 399–408.

DOI: 10.1001/jamapsychiatry.2018.4175.

Folkhälsomyndigheten (The Public Health Agency of Sweden), 'Psykisk hälsa och suicidprevention/Barn och unga – psykisk hälsa/Fysisk aktivitet och psykisk hälsa (Mental health and suicide prevention/Children and young people – mental health/Physical activity and mental health)', 2021.

Harvey, S B et al., 'Exercise and the Prevention of Depression: Results of the HUNT Cohort Study', *American Journal of Psychiatry*, Vol. 175, issue 1, 2017, pages 28–36. DOI: 10.1176/appi.ajp.2017.16111223.

Hu, M et al., 'Exercise interventions for the prevention of depression: a systemic review of meta-analyses', *BMC Public health*, Vol. 20, article 1255, 2020. DOI: 10.1186/s12889-020-09323-y.

Kandola, AA et al., 'Individual and combined associations between cardiorespiratory fitness and grip strength with common mental disorders: a prospective cohort study in the UK Biobank', *BMC Medicine*, Vol. 18 article 303, 2020. DOI: 10.1186/s12916-020-01782-9.

Kandola, A et al., 'Depressive symptoms and objectively measured physical activity and sedentary behaviour throughout adolescence: a prospective cohort study', *Lancet Psychiatry*, Vol 7, issue 3, 2020, pages 262–271. DOI: 10.1016/S2215-0366(20)30034-1.

Netz, Y et al., 'Is the Comparison between Exercise and Pharmacologic Treatment of Depression in the Clinical Practice Guideline of the American College of Physicians Evidence-Based?', *Frontiers in Pharmacology*, Vol. 8, article 257, 2017. DOI: 10.3389/fphar.2017.00257.

Raustorp et al., 'Comparisons of pedometer-determined weekday physical activity among Swedish school children and adolescents in 2000 and 2017 showed the highest reductions in adolescents', *Acta Pediatrica*. Vol 107, issue 7, 2018.

Schmidt-Kassow, M et al., 'Physical Exercise during Encoding Improves Vocabulary Learning in Young Female Adults: A Neuroendocrinological Study', *PLoS One*, Vol. 8, issue 5, 2013. e64172. DOI: 10.1371/journal.pone.0064172.

Schuch, F et al., 'Physical activity protects from incident anxiety: A meta-analysis of prospective cohort studies', *Depression & Anxiety*, Vol. 36, issue 9, 2019, pages 846–858. DOI: 10.1002/da.22915.

Tafet, GE, and Nemeroff, CB, 'Pharmacological Treatment of Anxiety Disorders: The Role of the HPA Axis', *Frontiers in Psychiatry,* Vol. 11, article 443, 2020. DOI: 10.3389/fpsyt.2020.0044.

Wegner, M et al., 'Systematic Review of Meta-Analyses: Exercise Effects on Depression in Children and Adolescents', *Frontiers in Psychiatry,* Vol. 8, issue 81, 2020. DOI: 10.3389/fpsyt.2020.00081.

Winter, B et al., 'High impact running improves learning',' *Neurobiology of Learning and Memory,* Vol. 87, issue 4, 2007, issue 597–609. DOI: 10.1016/j.nlm.2006.11.003.

7. 我们的感受是否比以前更糟糕了？

Colla, J et al., 'Depression and modernization: a cross-cultural study of women', *Psychiatry Epidemiology,* April; 41(4), 2006, pages 271–279.

Goldney, RD et al., 'Changes in the prevalence of major depression in an Australian community sample between 1998 and 2008', *The Australian and New Zealand Journal of Psychiatry,* Vol. 44, issue 10, 2010, pages 901–910. DOI: 10.3109/00048674.2010.490520.

Hollan, DW, and Wellenkamp, JC, *Contentment and suffering: Culture and experience in Toraja,* Columbia University Press, New York, 1994.

Nishi, D et al., 'Prevalence of mental disorders and mental health service use in Japan', *Psychiatry and Clinical Neurosciences Frontier Review,* Vol. 73, issue 8, 2019, pages 458–465. DOI: 10.1111/pcn.12894.

Rodgers, A, 'Star Neuroscientist Tom Insel Leaves the Google-Spawned Verily for ... a Startup?', *Wired,* 5 November 2017.

Socialstyrelsen och Cancerfonden (National Board of Health and Welfare, Sweden, and the Swedish Cancer Society), *Cancer i siffror 2018 (Cancer in Figures 2018),* 2018.

Socialstyrelsen (National Board of Health and Welfare, Sweden). *Statistik om hjärtinfarkter (Heart attack statistics),* 2018.

Statistiska centralbyrån (Statistics Sweden), *Life expectancy 1751–2020.*

World Health Organization, '"Depression: let's talk" says WHO, as depression tops list of causes of ill health', 2017.

8. 宿命感

Feldman, S, 'Consumer Genetic Testing Is Gaining Momentum', *Statista,* 18 November 2019.

Lebowitz, MS, Ahn, WK, 'Blue Genes? Understanding and Mitigating Negative Consequences of Personalized Information about Genetic Risk for Depression', *Journal of Genetic Counseling,* Vol. 27, issue 1, 2018, pages 204–216. DOI: 10.1007/s10897-017-0140-5.

Lebowitz, MS et al., 'Fixable or fate? Perceptions of the biology of depression', *Journal of Consulting and Clinical Psychology*, Vol. 81, issue 3, 2013, pages 518–527. DOI: 10.1037/a0031730.

Rosling, H, *Factfulness. Ten Reasons We're Wrong About the World-and Why Things Are Better Than You Think*, Flatiron Books, New York, 2018.

9. 幸福的陷阱

Frankl, V, *Man's Search for Meaning,* Beacon Press, Boston, 1947.

Torres, N, 'Advertising makes us unhappy', *Harvard Business Review*, Jan-Feb 2020.

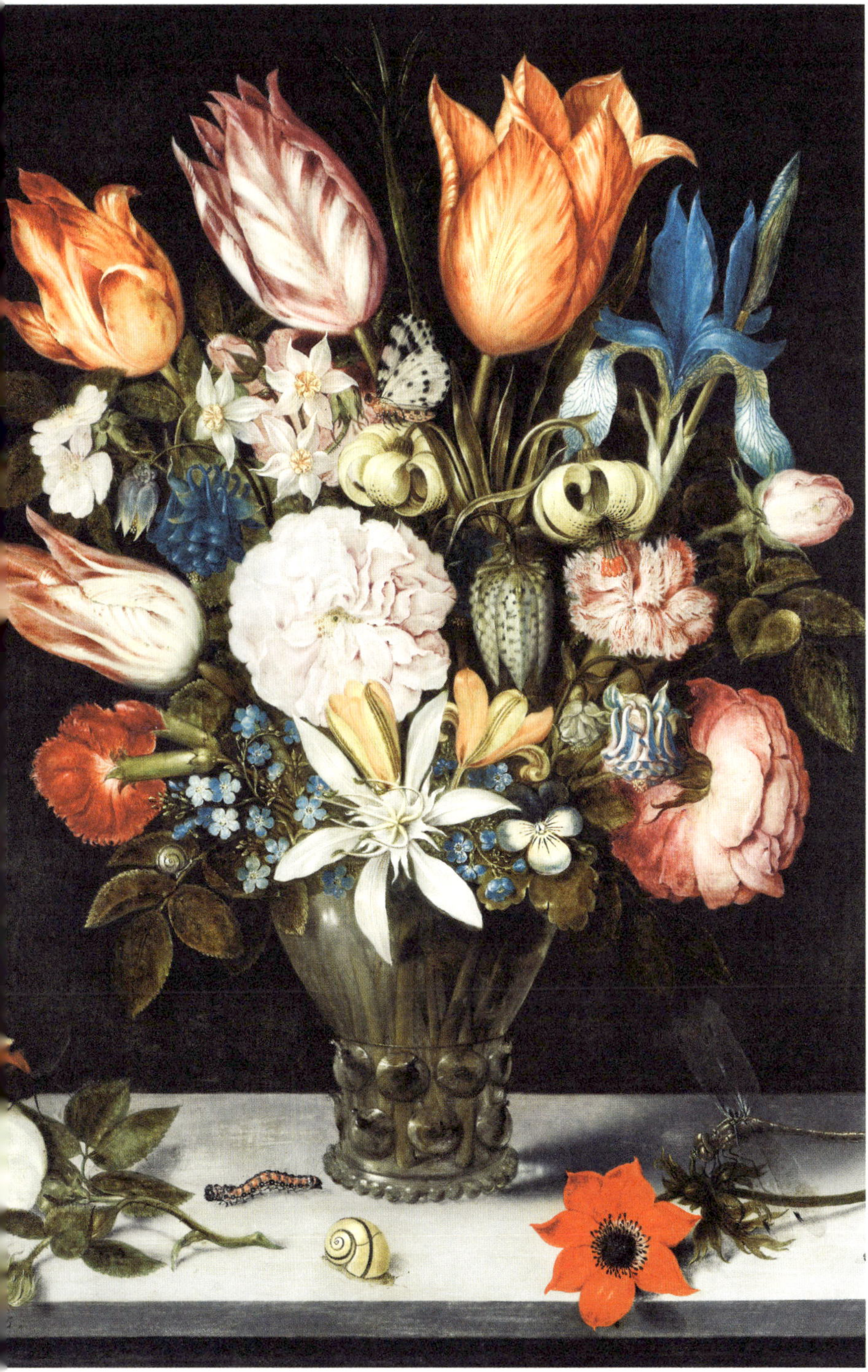

Depphjärnan: varför mår vi så dåligt när vi har det så bra?
Copyright © Anders Hansen 2021
Layout and illustrations Copyright © Lisa Zachrisson 2021
Published in the Simplified Chinese language by arrangement with salomonsson Agency, through The Grayhawk Agency Ltd.
Simplified Chinese translation copyright © 2024 by Ginkgo (Beijing) Book Co., Ltd.
All rights reserved.

本书中文简体版权归属于银杏树下（北京）图书有限责任公司
著作权合同登记号 图字：22-2023-093

图书在版编目（CIP）数据

我们为什么不快乐 /(瑞典) 安德斯·汉森著；苏夏译. -- 贵阳：贵州人民出版社, 2024.5
ISBN 978-7-221-17755-1

Ⅰ. ①我… Ⅱ. ①安… ②苏… Ⅲ. ①焦虑—心理调节—通俗读物 Ⅳ. ①B842.6-49

中国国家版本馆CIP数据核字(2023)第142353号

WOMEN WEISHENME BU KUAILE
我们为什么不快乐
[瑞典] 安德斯·汉森（Anders Hansen） 著

出 版 人：朱文迅		选题策划：后浪出版公司	
出版统筹：吴兴元		编辑统筹：王 顿	
策划编辑：王潇潇		特约编辑：曹 可	
责任编辑：张 娜		装帧设计：墨白空间·李国圣	
责任印制：常会杰			

出版发行：贵州出版集团　贵州人民出版社
地　　址：贵阳市观山湖区会展东路SOHO办公区A座
印　　刷：河北中科印刷科技发展有限公司
经　　销：全国新华书店
版　　次：2024年5月第1版
印　　次：2024年5月第1次印刷
开　　本：889毫米×1194毫米　1/32
印　　张：6
字　　数：143千字
书　　号：ISBN 978-7-221-17755-1
定　　价：58.00元

后浪出版咨询(北京)有限责任公司　版权所有，侵权必究
投诉信箱：editor@hinabook.com　fawu@hinabook.com
未经许可，不得以任何方式复制或者抄袭本书部分或全部内容
本书若有印、装质量问题，请与本公司联系调换，电话010-64072833